インプレス R&D ［NextPublishing］ 技術の泉 SERIES
E-Book / Print Book

比較して学ぶ
RxSwift
入門

髙橋 凌 著

**Swift4.2+Xcode10 対応！
実装パターンを比較しながら
iOSアプリ開発を解説！**

JN206559

目次

はじめに 4
対象読者 4
必須知識 4
推奨知識 5
想定環境 5
本書に関するお問い合わせ先 5
サンプルリポジトリ 5
ツイート 5
免責事項 6
表記関係について 6
底本について 6

第1章 RxSwift入門 7
1.1 iOSアプリ開発とSwift 7
1.2 最初に覚えておきたい用語と、1行解説 7
1.3 RxSwiftって何？ 7
1.4 Reactive Extensionsって何？ 8
    1.4.1 概念 8
    1.4.2 歴史 8
1.5 リアクティブプログラミングとは？ 8
    1.5.1 リアクティブプログラミングとExcel 9
1.6 RxSwiftの特徴 10
1.7 RxSwiftは何が解決できる？ 10

第2章 RxSwiftの導入 22
2.1 導入要件 22
2.2 導入方法 22

第3章 RxSwiftの基本的な書き方 24
3.1 メソッドチェーンのように直感的に書ける 24
3.2 Hello World 25
3.3 よく使われるクラス・メソッドについて 27
    3.3.1 Observable 27
    3.3.2 Dispose 30
    3.3.3 SubjectとRelay 31
    3.3.4 バッファについて 32
    3.3.5 それぞれの使い分け 32

	3.3.6	bind ···	33
	3.3.7	Operator ··	34
3.4	Hot な Observable と Cold な Observable ·································		36

第4章　比較しながら、簡単なアプリを作ってみよう！ ·································· 38
4.1	カウンターアプリを作ってみよう！ ···		38
	4.1.1	機能要件 ··	38
	4.1.2	画面のイメージ ···	39
	4.1.3	プロジェクトの作成 ··	39
	4.1.4	環境設定 ··	40
	4.1.5	開発を加速させる設定 ··	41
	4.1.6	CallBack パターンで作るカウンターアプリ ············	45
	4.1.7	Delegate で作るカウンターアプリ ··························	48
	4.1.8	RxSwift で作るカウンターアプリ ···························	51
	4.1.9	まとめ ··	55
4.2	WebView アプリを作ってみよう！ ··		55
	4.2.1	この章のストーリー ··	55
	4.2.2	イメージ ··	56

第5章　さまざまな RxSwift 系ライブラリー ··· 67
5.1	RxDataSources ···		67
	5.1.1	作ってみよう！ ··	67
	5.1.2	イメージ ··	68
	5.1.3	その他セクションを追加してみよう！ ·················	76
5.2	RxKeyboard ···		79
5.3	RxOptional ···		80

第6章　次のステップへ ··· 82
6.1	開発中のアプリに導入 ··	82
6.2	コミュニティへの参加 ··	82
6.3	その他の参考 URL・ドキュメント・文献 ···································	83

著者紹介 ·· 85

はじめに

この本を手にとって頂き、ありがとうございます。

本書では**「比較して学ぶ」**をテーマに、callback、delegate、KVO、RxSwiftそれぞれを使った実装パターンを比較しながら、RxSwiftについて解説します。

解説は、RxSwiftをまったく触ったことのない人に向けて、その思想・歴史から基礎知識、よく使われる文法、実際にアプリの部品としてどう書くかまで、できるだけわかりやすく説明しています。

RxSwiftは2016年頃にiOSアプリ開発者の間で一気に普及し、2018年現在ではいわゆる「イケてる」アプリのほとんどがRxSwift（もしくはReactiveSwift）を採用しています。……若干主語が大きいですが、筆者の観測範囲の中ではそれくらいあたりまえのように使われています。（もちろん使われていない現場もありますよ）

しかし、その概念を習得するためには学習コストが高く、iOSアプリエンジニアになってから日の浅い人にとっては、高い壁になっているのではないかと感じます。

筆者も開発者としてキャリアが浅かった頃は、Google検索で出てきた技術ブログやQiitaの解説記事、RxSwiftのリポジトリー内のドキュメントなど、各メディアに分散している知見を参照しながら実装しており、「RxSwiftを体系的に日本語で学べる解説書が無いかなー、あったら楽だなー。」と思いながら、試行錯誤してコードを書いていました。

本書はそんな過去の自分と、これからRxSwiftについて学びたい方に向けて体系的に学べるコンテンツを提供したいという思いから生まれました。この本を読んで、RxSwiftの概念がわかった！理解がもっと深まった！完全に理解した！RxSwiftチョットデキル！となって頂けたら幸いです。

対象読者

本書は次の読者を対象としています。
・SwiftによるiOSアプリの開発経験が少しだけある（3ヶ月～1年未満）
・RxSwiftライブラリーを使った開発をしたことがない・ほんの少しだけある

必須知識

Swiftの基礎知識やiOSアプリ開発における基礎知識については、本書では解説しません。
・Swiftの基本的な言語仕様
 ―if、for、switch、enum、class、struct
 ―よく使われる高階関数の扱い（mapやfilterなど）
・Xcodeの基本的な操作
・よく使われるUIKitの大まかな仕様
 ―UILabel、UITextView、UITableView、UICollectionView

推奨知識

以下を知っておくとより理解が進みます。

- 設計パターン
  - MVPアーキテクチャ
  - MVVMアーキテクチャ
- デザインパターン
  - delegateパターン
  - KVOパターン
  - Observerパターン

想定環境

- OSX High Sierra
- Xcode 10
- Swift 4.2
- cocoapods 1.5.3

本書に関するお問い合わせ先

- Twitter
  - https://twitter.com/k0uhashi

サンプルリポジトリ

- サンプルリポジトリは「第5章 簡単なアプリを作ってみよう！」と「第6章1節　さまざまなRxSwift系ライブラリ - RxDataSources」のみ用意しています。その他の章・節は用意しておりませんので予めご了承下さい。
- 第5章　簡単なアプリを作ってみよう！
  - https://github.com/ios-app-yaru/rxswift4-section05
- 第6章1節　さまざまなRxSwift系ライブラリ - RxDataSources
  - https://github.com/ios-app-yaru/rxswift04-section06

ツイート

本書に関するツイートはハッシュタグ『#比較して学ぶRxSwift』を付与してのツイートをお願いします。感想、批評、何でも良いのでつぶやいて頂けると作者が喜びます！

免責事項

本書に記載された内容は、情報の提供のみを目的としています。したがって、本書を用いた開発、製作、運用は、必ずご自身の責任と判断によって行ってください。これらの情報による開発、製作、運用の結果について、著者はいかなる責任も負いません。

表記関係について

本書に記載されている会社名、製品名などは、一般に各社の登録商標または商標、商品名です。会社名、製品名については、本文中では©、®、™マークなどは表示していません。

底本について

本書籍は、技術系同人誌即売会「技術書典5」で頒布されたものを底本としています。

第1章　RxSwift入門

1.1　iOSアプリ開発とSwift

　現在のiOSアプリ開発は、ほぼSwift一択という状況ではないでしょうか？
　Swiftの登場によって、Objective-Cより強い静的型付け・型推論の恩恵を借りて安全なアプリケーションを作ることができるようになりました。また、Storyboard機能の充実によりUIの構築が楽になり、今では初心者でも簡単にiOSアプリを開発できます。
　しかし、簡単に開発できるようになったと言っても、まだいくつかの問題があります。たとえば、「複雑な非同期処理を実装した場合、callback地獄で読み辛くなってしまう」「処理の成功・失敗の制御が統一しにくい（例：通信処理）」などです。
　これらを解決するひとつの方法が、RxSwift（リアクティブプログラミング）の導入です。
　具体的にどう解決できるのか、簡単なサンプルを見ながら学んでいきましょう！

1.2　最初に覚えておきたい用語と、1行解説

- Reactive Extensions
  ——「オブザーバーパターン」「イテレータパターン」「関数型プログラミング」の概念を実装したインターフェース。
- オブザーバーパターン
  ——プログラム内にあるオブジェクトのイベント（事象）を、他のオブジェクトへ通知する処理で使われるデザインパターンの一種。
- RxSwift
  ——Reactive Extensionsの概念をSwiftで扱えるようにした拡張ライブラリー。
- RxCocoa
  ——Reactive Extensionsの概念をUIKitで扱えるようにした拡張ライブラリー。RxSwiftと一緒に導入されることが多い。

1.3　RxSwiftって何？

　RxSwiftとは、Microsoftが公開した.NET Framework向けのライブラリーである「Reactive Extensions」の概念をSwiftでも扱えるようにした拡張ライブラリーで、GitHub上でオープンソースライブラリーとして公開されています。
　同じくReactive Extensionsの概念を取り入れた「ReactiveSwift」というライブラリーも存在しますが、本書ではこれには触れず、RxSwiftにのみ焦点を当てて解説していきます。
　Reactive Extensionsの詳細については後述しますが、RxSwiftを導入することによって、非同期

操作とイベント／データストリーム（時系列処理）の実装が容易になります。

1.4 Reactive Extensionsって何？

1.4.1 概念

Reactive Extensionsとは、「オブザーバーパターン」「イテレータパターン」「関数型プログラミング」の概念を実装している.NET Framework向けの拡張ライブラリーです。

1.4.2 歴史

Reactive Extensionsは、もともとMicrosoftが研究して開発した.NET用のライブラリーで、2009年に「Reactive Extensions」という名前で公開されました。現在は製品化され、「ReactiveX」という名前に変更されています。

このReactive Extensionsの「概念」が有用だったため、色々な言語へと移植されています。たとえば、JavaであればRxJava、JavaScriptであればRxJSと、静的型付け・動的型付けなどにかかわらず、さまざまな言語に垣根を超えて移植されています。

その中のひとつが本書で紹介する「RxSwift」です。本書ではRxSwiftとそれに関連するライブラリー群についてのみ解説しますが、RxSwiftとさきほど挙げたライブラリー群の概念のおおまかな考え方は同じです。概念だけでも1度覚えておくと、他の言語のRx系ライブラリーでもすぐに扱えるようになるため、この機会にぜひ学習しましょう！

1.5 リアクティブプログラミングとは？

リアクティブプログラミングとは、「時間とともに変化する値」と「振る舞い」の関係を宣言的に記述するプログラミングの手法です。

「ボタンをタップするとアラートを表示」のようなインタラクティブなシステムや通信処理、アニメーションのようにダイナミックに状態が変化するようなシステムなどに対して宣言的に動作を記述することができるため、フロントエンド側のシステムでよく使われます。

リアクティブプログラミングの説明の前に、少し命令型のプログラミングの書き方について振り返ってみます。次のコードを見てみましょう。

リスト1.1: 擬似コード

```
1: a = 2
2: b = 3
3: c = a * b
4: a = 3
5: print(c)
```

何の前提も無くこの疑似コードで出力される値を問われれば、「6」と答えるのではないでしょうか？。

命令型プログラミングの結果としては正しいのですが、リアクティブプログラミングの観点からみた結果としては間違っています。

冒頭の部分で少し触れましたが、リアクティブプログラミングは「値」と「振る舞い」の「関係」を宣言的に記述するプログラミングの手法です。リアクティブプログラミングの観点では、「cにはその時点でのa * bの演算の結果を代入する」のではなく、「cはa * bの関係をもつ」という意味で解釈されます。つまり、cにa * bの関係を定義した後は、aの値が変更されるたびにbの値がバックグラウンドで再計算されるようになります。結果、例題の疑似コードをリアクティブプログラミングの観点からみた場合は、「9」が出力されるということになります。

リスト1.2: リアクティブプログラミングの観点から見た疑似コード

```
1: a = 2
2: b = 3
3: c = a * b
4: // a: 2, b:3, c:6
5: a = 3
6: // a: 3, b:3, c:9
7: print(c)
8: // 出力: 9
```

1.5.1　リアクティブプログラミングとExcel

リアクティブプログラミングは、Excelを題材として説明されることがよくあります。Excelの計算式を想像してみてください。

図1.1: Excelの計算式の例

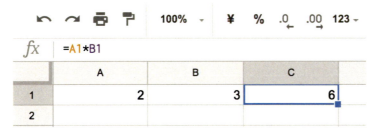

C1セルにはA1セル値とB1セル値を掛け算した結果を出力させています。試しにA1セルを変更してみます。

図1.2: A1セルを変更

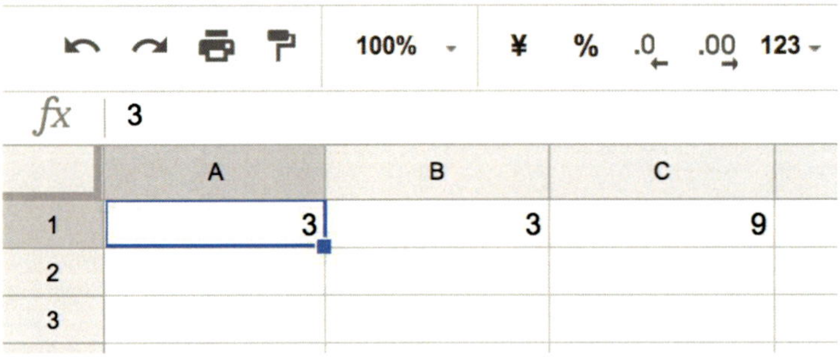

A1の値の変更に合わせて、C1が自動で再計算されました。概念的には、「値と振る舞いの関係を定義する」と考えると理解しやすいかも知れません。

1.6 RxSwiftの特徴

RxSwiftの主な特徴として「値の変化が検知しやすい」「非同期処理を簡潔に書ける」が挙げられます。

この特徴はUIの変更の検知（タップや文字入力）や通信処理等の際、RxSwiftを用いることでdelegateやcallbackを用いたコードよりもスッキリと見やすく書けるようになります。

その他のメリットとしては次のものが挙げられます。

・時間経過に関する処理をシンプルに書ける
・コード全体が一貫する
・まとまった流れが見やすい
・差分がわかりやすい
・処理スレッドを変えやすい
・callbackを減らせる
　—インデントの浅いコードにできる

デメリットとしては、主に「学習コストが高い」「デバッグしにくい」が挙げられます。

プロジェクトメンバーのほとんどがRxSwiftの扱いにあまり長けていない状況で、とりあえずこれを導入すれば開発速度が早くなるんでしょ？といった考え方で安易に導入すると、逆に開発速度が落ちる可能性があります。

その他のデメリットとして、簡単な処理で使うと長くなりがちという点もあります。プロジェクトによってRxSwiftの有用性が変わるので、そのプロジェクトの特性とRxSwiftのメリット・デメリットを照らし合わせた上で検討しましょう。

1.7 RxSwiftは何が解決できる？

わかりやすいのは「アプリのライフサイクルと、UIのdelegateやIBActionなどの処理を定義している部分が離れている」という問題の解決です。実際にコードを書いて見てみましょう。

UIButtonとUILabelが画面に配置されていて、ボタンをタップすると文字列が変更される、という仕様のアプリを題材として作ります。

図1.3: サンプル画面

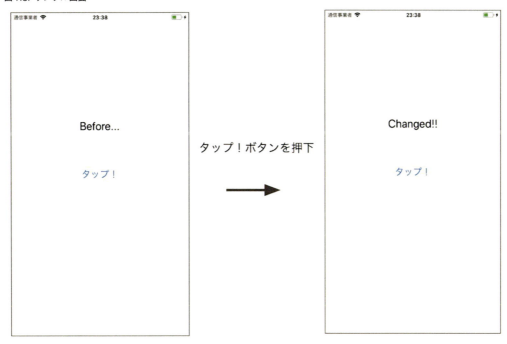

まずは従来のIBActionを使った方法で作ってみましょう。

リスト1.3: IBActionを用いたコード

```
1: class SimpleTapViewController: UIViewController {
2: 
3:     @IBOutlet weak var messageLabel: UILabel!
4: 
5:     @IBAction func tapLoginButton(_ sender: Any) {
6:         messageLabel.text = "Tap Login Button!"
7:     }
8: 
9: }
```

通常の書き方では、ひとつのボタンに対してひとつの関数を定義します。図に表してみましょう。

図 1.4: IBAction を用いたコード（イメージ）

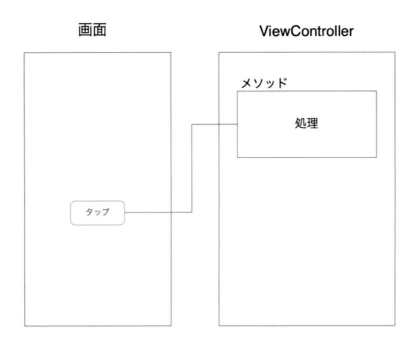

　仕様がシンプルなため、コードもシンプルに見やすく書けています。ここから、もうひとつ、ふたつとボタンを増やすコードを書いてみましょう

リスト 1.4: IBAction を使ったコードを拡張する

```
 1: class SimpleTapViewController: UIViewController {
 2:
 3:     @IBOutlet weak var messageLabel: UILabel!
 4:
 5:     @IBAction func tapLoginButton(_ sender: Any) {
 6:         messageLabel.text = "Tap Login Button!"
 7:     }
 8:
 9:     @IBAction func tapResetPasswordButton(_ sender: Any) {
10:         messageLabel.text = "Tap Reset Password Button!"
11:     }
12:
13:     @IBAction func tapExitButton(_ sender: Any) {
14:         messageLabel.text = "Tap Exit Button!"
```

```
15:     }
16:
17:     @IBAction func tapHelpButton(_ sender: Any) {
18:         messageLabel.text = "Tap Help Button!"
19:     }
20: }
```

図で表してみます。

図1.5: IBActionを使ったコードを拡張する（イメージ）

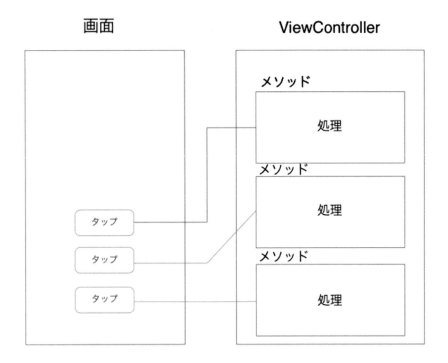

ボタンをひとつ増やすたびに対応する関数がひとつずつ増えていき、肥大化するとだんだん読みづらくなってしまいます。

次に、RxSwiftを用いて書いてみます。

リスト1.5: RxSwiftを用いたコード
```
1: import RxSwift
2: import RxCocoa
3:
```

```
 4: class SimpleRxTapViewController: UIViewController {
 5:
 6:     @IBOutlet weak var loginButton: UIButton!
 7:     @IBOutlet weak var messageLabel: UILabel!
 8:
 9:     private let disposeBag = DisposeBag()
10:
11:     override func viewDidLoad() {
12:         super.viewDidLoad()
13:         loginButton.rx.tap
14:             .subscribe(onNext: { [weak self] in
15:                 self?.messageLabel.text = "Tap Login Button!"
16:             })
17:             .disposed(by: disposeBag)
18:     }
19: }
```

図1.6: RxSwift を用いたコード（図）

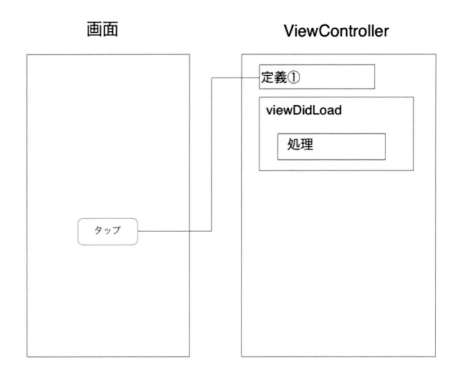

処理は全く同じです。tapButtonのタップイベントを購読し、イベントが発生したらUILabelのテキストを変更しています。

コードを見比べてみると、ひとつのボタンとひとつの関数が強く結合していたのが、ひとつのボタンとひとつのプロパティの結合で済むようになっているため、UIとコードの制約を少し緩くできました。

シンプルな仕様なのでコード量はRxSwiftを用いた場合のほうが長くなっていますが、この先ボタンを増やすことを考えると、ひとつボタンを増やすたびに対応するプロパティが1行増えるだけです。だんだんアプリが大きくなってくると、RxSwiftで書いたほうが読みやすくなります（もちろん、例外もあります）。

実際にもう少しボタンを増やしてみましょう。

リスト1.6: RxSwiftを用いたコードを拡張

```
 1: import RxSwift
 2: import RxCocoa
 3:
 4: class SimpleRxTapViewController: UIViewController {
 5:
 6:     @IBOutlet weak var loginButton: UIButton!
 7:     @IBOutlet weak var resetPasswordButton: UIButton!
 8:     @IBOutlet weak var exitButton: UIButton!
 9:     @IBOutlet weak var helpButton: UIButton!
10:     @IBOutlet weak var messageLabel: UILabel!
11:
12:     private let disposeBag = DisposeBag()
13:
14:     override func viewDidLoad() {
15:         super.viewDidLoad()
16:         loginButton.rx.tap
17:             .subscribe(onNext: { [weak self] in
18:                 self?.messageLabel.text = "Tap Login Button!"
19:             })
20:             .disposed(by: disposeBag)
21:
22:         resetPasswordButton.rx.tap
23:             .subscribe(onNext: { [weak self] in
24:                 self?.messageLabel.text = "Tap Reset Password Button!"
25:             })
26:             .disposed(by: disposeBag)
27:
28:         exitButton.rx.tap
29:             .subscribe(onNext: { [weak self] in
```

```
30:             self?.messageLabel.text = "Tap Exit Button!"
31:         })
32:         .disposed(by: disposeBag)
33:
34:     helpButton.rx.tap
35:         .subscribe(onNext: { [weak self] in
36:             self?.messageLabel.text = "Tap Help Button!"
37:         })
38:         .disposed(by: disposeBag)
39:     }
40: }
```

図 1.7: RxSwift を用いたコードを拡張（イメージ）

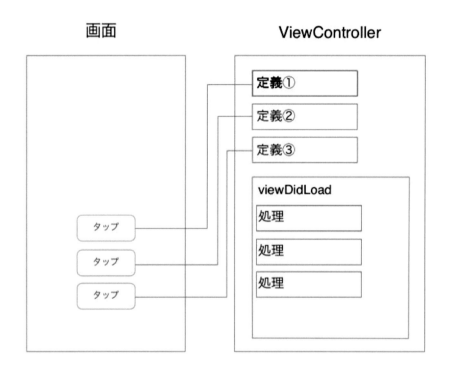

　今度は、addTarget を利用する場合のコードを見てみましょう。UILabel と UITextField を画面にふたつずつ配置し、入力したテキストをバリデーションして「あとN文字」と UILabel に反映する、よくある仕組みのアプリを作ってみます。

図 1.8: 画面のイメージ

リスト 1.7: addTarget を用いたコード

```
 1:
 2: class ExampleViewController: UIViewController {
 3:
 4:     @IBOutlet private weak var nameField: UITextField!
 5:     @IBOutlet private weak var nameLabel: UILabel!
 6:
 7:     @IBOutlet private weak var addressField: UITextField!
 8:     @IBOutlet private weak var addressLabel: UILabel!
 9:
10:     private let maxNameFieldSize = 10
11:     private let maxAddressFieldSize = 50
12:
13:     let limitText: (Int) -> String = {
14:         return "あと\($0)文字"
15:     }
16:
17:     override func viewDidLoad() {
18:         super.viewDidLoad()
```

```
19:     nameField.addTarget(self, action:
20:       #selector(nameFieldEditingChanged(sender:)),
21:       for: .editingChanged)
22:     addressField.addTarget(self, action:
23:       #selector(addressFieldEditingChanged(sender:)),
24:       for: .editingChanged)
25:   }
26:
27:   @objc func nameFieldEditingChanged(sender: UITextField) {
28:     guard let changedText = sender.text else { return }
29:     let limitCount = maxNameFieldSize - changedText.count
30:     nameLabel.text = limitText(limitCount)
31:   }
32:
33:   @objc func addressFieldEditingChanged(sender: UITextField) {
34:     guard let changedText = sender.text else { return }
35:     let limitCount = maxAddressFieldSize - changedText.count
36:     addressLabel.text = limitText(limitCount)
37:   }
38: }
39:
```

図 1.9: addTarget を用いたコード（図）

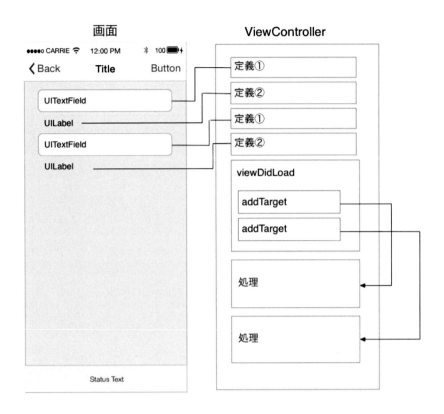

viewDidLoad()内で定義しているのに、実際の処理が別関数として離れているので、処理の流れがほんの少しだけイメージしにくくなっています。

次に RxSwift を用いて書いてみます。

リスト 1.8: RxSwift を用いたコード

```
1: import RxSwift
2: import RxCocoa
3: import RxOptional // RxOptionalというRxSwift拡張ライブラリーのインストールが必要
4:
5: class RxExampleViewController: UIViewController {
6:
7:     // フィールド宣言は全く同じなので省略
8:
9:     private let disposeBag = DisposeBag()
10:
```

```
11: override func viewDidLoad() {
12:   super.viewDidLoad()
13:
14:   nameField.rx.text
15:     .map { [weak self] text -> String? in
16:       guard let text = text else { return nil }
17:       guard let maxNameFieldSize = self?.maxNameFieldSize
18:         else { return nil }
19:       let limitCount = maxNameFieldSize - text.count
20:       return self?.limitText(limitCount)
21:     }
22:     .filterNil() // import RxOptional が必要
23:     .bind(to: nameLabel.rx.text)
24:     .disposed(by: disposeBag)
25:
26:   addressField.rx.text
27:     .map { [weak self] text -> String? in
28:       guard let text = text else { return nil }
29:       guard let maxAddressFieldSize
30:         = self?.maxAddressFieldSize else { return nil }
31:       let limitCount = maxAddressFieldSize - text.count
32:       return self?.limitText(limitCount)
33:     }
34:     .filterNil() // import RxOptional が必要
35:     .bind(to: addressLabel.rx.text)
36:     .disposed(by: disposeBag)
37: }
38: }
```

図 1.10: RxSwift を用いたコード（図）

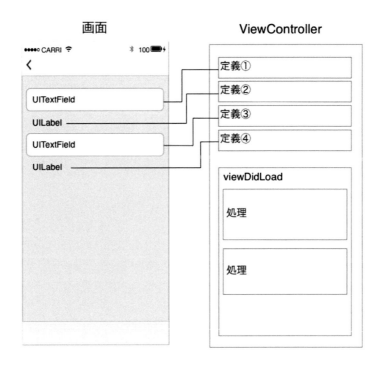

　さきほどの addTarget のパターンとまったく同じ動作をします。全ての処理が viewDidLoad() 上で書けるようになり、ひとつに集約できたのでちょっと読みやすいですね。
　慣れていない方はまだ読みにくいかもしれませんが、Rx の書き方に慣れると読みやすくなります。

第2章　RxSwiftの導入

2.1　導入要件

RxSwiftリポジトリーより引用（2018年8月31日現在）

・Xcode 9.0

・Swift 4.0

・Swift 3.x　（rxswift-3.0 ブランチを指定)

・Swift 2.3　（rxswift-2.0 ブランチを指定)

※ Xcode 9.0、Swift 4.0と記載していますが、Xcode 10、Swift 4.2でも動作します。

2.2　導入方法

　RxSwiftの導入方法は、CocoaPodsやCarthage、SwiftPackageManager等いくつかあります。ここでは最も簡単で、筆者の周囲でよく使われるCocoaPodsでの導入方法を紹介します。

　CocoaPodsとは、iOS／Mac向けのアプリを開発する際のライブラリー管理ツールです。これを使うことで外部ライブラリーが簡単に導入できます。導入するためにはRubyが端末にインストールされている必要がありますが、Macでは標準でインストールされているので、あまり気にしなくてもよいです。

　次のコマンドでCocoaPodsを導入できます。

```
gem install cocoapods
```

```
gem install -v 1.5.3 cocoapods # ※注：バージョンを本書と同じにしたい場合はこちら
```

　これでCocoaPodsを端末に導入することができました。

　次に、CocoaPodsを使ってプロジェクトに外部ライブラリーを導入してみます。大まかな流れは次のとおりです。

1．Xcodeでプロジェクトを作る

2．ターミナルでプロジェクトを作ったディレクトリーへ移動

3．Podfileというファイルを作成

4．Podfileに導入したいライブラリーを定義

5．ライブラリーのインストール

では、実際にやってみましょう。

```
pod init # プロジェクトのルートディレクトリーで実行
```

```
vi Podfile
```

次のようにファイルを編集します。

リスト2.1: Podfile

```
1: # Podfile
2: use_frameworks!
3:
4: target 'YOUR_TARGET_NAME' do
5:     pod 'RxSwift',    '~> 4.3.1'
6:     pod 'RxCocoa',    '~> 4.3.1'
7: end
```

YOUR_TARGET_NAMEは各自のプロジェクト名に置き換えてください

```
pod install # プロジェクトのルートディレクトリーで実行
```

Pod installation complete!というメッセージが出力されたら導入成功です！

もし導入できていないような出力であれば、書き方が間違えていないか、typoしてないかをもう一度確認してみてください。

> **Tips: Podfile**
>
> CocoaPodsはRubyで構築されており、PodfileはRubyの構文で定義されています。そのため、シンタックスハイライトにRubyを指定すると有効になります。
>
> Podfileでは導入するライブラリーのバージョンを指定することができ、本書でもバージョンを固定しています。しかし、一般的にはバージョンを固定せず、ライブラリーを定期的にバージョンアップさせることが推奨されています。プロダクション環境で使う場合には、Podfileは次のように定義しましょう。
>
> ```
> pod 'RxSwift'
> pod 'RxCocoa'
> ```

第2章 RxSwiftの導入

第3章 RxSwiftの基本的な書き方

　本章では、RxSwiftの基本的な書き方や仕組みについて解説していきます。RxSwiftを支える全ての仕組みを解説することは本書のテーマから逸れてしまうので、良く使われるところを抜粋して解説します。

3.1 メソッドチェーンのように直感的に書ける

　RxSwift／RxCocoaは、メソッドチェーンのように直感的にコードを書くことができます。メソッドチェーンとは、その名前のとおりメソッドを実行し、その結果に対してさらにメソッドを実行するような書き方を指します。jQueryを扱った経験がある人なら、なんとなく分かるのではないでしょうか？

　たとえば、次のように書くことができます

リスト3.1: loginButtonのイベント購読

```
1: loginButton.rx.tap
2:     .subscribe(onNext: { [weak self] in
3:         /* 処理 */
4:     })
5:     .disposed(by: disposeBag)
```

　それぞれの戻り値の型をコメントで表現してみます。

リスト3.2: loginButtonのイベント購読

```
1: loginButton
2:     .rx           // Reactive<UIButton>
3:     .tap          // ControlEvent<Void>
4:     .subscribe(onNext: { /* 処理 */ }) // Disposable
5:     .disposed(by: disposeBag) // Void
```

　loginButtonのタップイベントを購読し、タップされたときにsubscribeメソッドの引数であるonNextのクロージャ内の処理を実行します。

　最後にクラスが解放されたとき、自動的に購読が破棄されるようにdisposed(by:)メソッドを使っています。（仕組みは後述します）

　まとめると、次の順で処理を定義しています。

　1．ストリームの購読
　2．ストリームにイベントが流れてきた時にどうするかを定義

3．クラスが破棄されると同時に購読を破棄させるように設定

3.2 Hello World

RxSwiftでのHelloWorld的なものを書いてみます。

リスト3.3: subject-example

```
 1: import UIKit
 2: import RxSwift
 3: import RxCocoa
 4:
 5: class ViewController: UIViewController {
 6:
 7:     private let disposeBag = DisposeBag()
 8:
 9:     override func viewDidLoad() {
10:         super.viewDidLoad()
11:
12:         let helloWorldSubject = PublishSubject<String>()
13:
14:         helloWorldSubject
15:             .subscribe(onNext: { message in
16:                 print("onNext: \(message)")
17:             }, onCompleted: {
18:                 print("onCompleted")
19:             }, onDisposed: {
20:                 print("onDisposed")
21:             })
22:             .disposed(by: disposeBag)
23:
24:         helloWorldSubject.onNext("Hello World!")
25:         helloWorldSubject.onNext("Hello World!!")
26:         helloWorldSubject.onNext("Hello World!!!")
27:         helloWorldSubject.onCompleted()
28:     }
29: }
```

実行結果です。

```
onNext: Hello World!
onNext: Hello World!!
onNext: Hello World!!!
onCompleted
onDisposed
```

※onDisposedが呼ばれる仕組みは後述します。

処理の流れのイメージは次のとおりです。
1. helloWorldSubjectというSubjectを定義
2. Subjectを購読
3. 値が流れてきたら、print文で値を出力させるように定義
4. 定義したクラスが破棄されたら、購読も自動的に破棄させる
5. N回イベントを流す
6. 3.で定義したクロージャがN回実行される

このような書き方は、ViewController／ViewModel間のデータの受け渡しや、遷移元／遷移先のViewController間でのデータの受け渡しで使われます。

前述したコードは同じクラス内に書いているためRxSwiftの強みが生かせていないので、こんどは実際にViewController／ViewModelに分けて書いてみましょう。

リスト3.4: ViewController/ViewModelに分けて書く

```
 1: import RxSwift
 2:
 3: class HogeViewController: UIViewController {
 4:
 5:     private let disposeBag = DisposeBag()
 6:     private var viewModel: HogeViewModel!
 7:
 8:     override func viewDidLoad() {
 9:         super.viewDidLoad()
10:
11:         viewModel = HogeViewModel()
12:
13:         viewModel.helloWorldObservable
14:             .subscribe(onNext: { [weak self] value in
15:                 print("value = \(value)")
16:             })
17:             .disposed(by: disposeBag)
18:
19:         viewModel.updateItem()
```

```
20:     }
21:
22: }
23:
24: class HogeViewModel {
25:
26:     var helloWorldObservable: Observable<String> {
27:         return helloWorldSubject.asObservable()
28:     }
29:
30:     private let helloWorldSubject = PublishSubject<String>()
31:
32:     func updateItem() {
33:         helloWorldSubject.onNext("Hello World!")
34:         helloWorldSubject.onNext("Hello World!!")
35:         helloWorldSubject.onNext("Hello World!!!")
36:         helloWorldSubject.onCompleted()
37:     }
38: }
```

出力結果自体はさきほどと同じです。

3.3 よく使われるクラス・メソッドについて

さて、ここまで本書を読み進めてきた中で、いくつか気になるワードやクラス、メソッドが出てきたのではないでしょうか？ここからようやくそれらのクラスと、それを支える概念についてもう少し深く触れていきます。

3.3.1 Observable

Observableは翻訳すると「観測可能」という意味で、文字どおり観測可能なものを表現しイベントを検知するためのクラスです。ストリームとも表現されたりします。Observableが通知するイベントには次の種類があります。

・onNext
　—デフォルトのイベントを流す
　—イベント内に値を格納でき、何度でも呼びせる
・onError
　—エラーイベント
　—1度だけ呼ばれ、その時点で終了、購読を破棄
・onCompleted

―完了イベント

―1度だけ呼ばれ、その時点で終了、購読を破棄

コードでは、次のように扱います。

リスト3.5: hogeObservableの購読の仕方

```
// Observable<Void>
hogeObservable
    .subscribe(onNext: {
        print("next")
    }, onError: { error in
        print("error")
    }, onCompleted: {
        print("completed")
    }, onDisposed: {
        print("disposed")
    })
```

onNextイベントが流れてきたときはonNextのクロージャが実行され、onErrorイベントが流れてきたときはonErrorのクロージャが実行されます。disposeされるとonDisposedのクロージャが実行されます。また、onErrorやonCompletedは省略することができ、その場合は次のように書きます。

リスト3.6: onNext以外を省略する

```
hogeObservable
    .subscribe(onNext: {
        print("next")
    })
```

また、Observableは次の図を使って説明されることがよくあります。

図3.1: マーブルダイアグラム

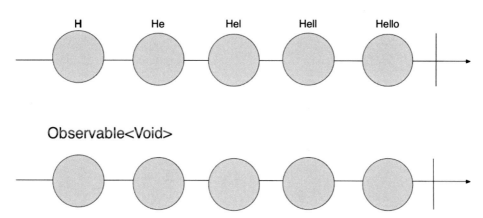

RxSwift（Reactive Extensions）について少し調べた方は、よくみたことのあるような図ではないでしょうか？この図はマーブルダイアグラムといい、横線が時間軸で左から右に時間が流れるようなイメージです。マーブルダイアグラムを使った解説は「入門」向けではないと考えているので本書では使用していません。

> **Tips: Observable と Observer**
>
> さまざまな資料に目を通していると、Observable と Observer という表現が出てきますがこれらは違う意味です。イベント発生元が Observable で、イベント処理が Observer です。ややこしいですね。
> コードで見てみましょう。
>
> リスト3.7: Observable と Observer
> ```
> 1: hogeObservable // Observable (イベント発生元)
> 2:   .map { $0 * 2 } // Observable (イベント発生元)
> 3:   .subscribe(onNext: {
> 4:     // Observer(イベント処理)
> 5:   })
> 6:   .disposed(by: disposeBag)
> ```
>
> コードで見てみるとわかりやすいです。名前は似ていますが違う意味、というのは覚えておいて下さい。

3.3.2 Dispose

ここまでコードを見てくると、なにやらsubscribeしたあとに必ずdisposed(by:)メソッドが呼ばれているのが分かるかと思います。さてこれは何でしょう？一言で説明すると、これはイイ感じに購読を破棄して、メモリーリークを回避するための仕組みです。ObservableをsubscribeIに（bind等）すると、Disposableインスタンスが帰ってきます。

リスト3.8: Disposable

```
1: let disposable = hogeButton.rx.tap
2:    .subscribe(onNext: {
3:        // ..
4:    })
```

Disposableは購読を解除（破棄）するためのもので、dispose()メソッドを呼ぶことで明示的に購読を破棄できます。

今回はDisposableのdisposed(by:)メソッドを使っています。クラス内にDisposeBagクラスのインスタンスを保持しておいて、引数にそのインスタンスを渡します。引数として渡すと自身（Disposableインスタンス）をDisposeBagの中へ挿入し、DisposeBagインスタンスが解放（deinit）されたときに自身（Disposableインスタンス）を含め管理しているDisposableを全て自動でdisposeするようになります。特に購読の破棄を意識することなく、Observableを扱えるようになっているのはこの仕組みのおかげです。

コードで見てみましょう。

リスト3.9: Disposeのサンプルコード

```
 1: import RxSwift
 2: import RxCocoa
 3: import UIKit
 4:
 5: class HogeFooViewController:UIViewController {
 6:     @IBOutlet weak var hogeButton: UIButton!
 7:     @IBOutlet weak var fooButton: UIButton!
 8:     private let disposeBag = DisposeBag()
 9:
10:     override func viewDidLoad() {
11:         super.viewDidLoad()
12:         hogeButton.rx.tap
13:             .subscribe(onNext: {
14:                 // ..
15:             })
16:             .disposed(by: disposeBag) //Disposable①
17:
```

```
18:        fooButton.rx.tap
19:            .subscribe(onNext: {
20:                // ..
21:            })
22:            .disposed(by: disposeBag) //Disposable②
23:    }
24: }
```

リスト3.9では、HogeViewControllerが解放（deinit）されるときに保持しているhogeButtonとfooButtonのDisposableをdisposeしてくれます。

とりあえず購読したら`disposed(by: disposeBag)`しておけばおおむね間違いないでしょう。

> **Tips: シングルトンインスタンス内でDisposeBagを扱うときは注意！**
>
> DisposeBagはとても便利な仕組みですが、シングルトンインスタンス内で扱う時には注意が必要です。DisposeBagの仕組みは、それを保持しているクラスが解放されたときに管理しているDisposableをdisposeする、とさきほど説明しました。つまりDisposeBagのライフサイクルは、保持しているクラスのライフサイクルと同一のものになります。
>
> しかし、シングルトンインスタンスのライフサイクルはアプリのライフサイクルと同一のため、いつまでたってもdisposeされず、最悪の場合メモリーリークになる可能性があります。回避策がまったくないわけではありませんが、入門とは脱線してしまうのでここでは省きます。シングルトンインスタンスで扱う場合には注意が必要！ということだけ覚えておいてください。

3.3.3 SubjectとRelay

SubjectとRelayを簡単に説明すると、イベントの検知に加えてイベントの発生もできる便利なクラスです。

ここで少しObservableについて振り返ってみましょう。Observableとはイベントを検知するためのクラスでした。

SubjectとRelayは、これに加えて自身でイベントを発生させることもできるクラスです。

よく使われるものとして、代表的な次の4種類を紹介します。

・PublishSubject
・BehaviorSubject
・PublishRelay
・BehaviorRelay

それぞれの大まかな違いは表3.1のとおりです。

表 3.1: Subject と Relay の主な種類

	流せるイベント	バッファ
PublishSubject	onNext, onError, onComplete	持たない
BehaviorSubject	onNext, onError, onComplete	持つ
PublishRelay	onNext	持たない
BehaviorRelay	onNext	持つ

3.3.4 バッファについて

BehaviorSubject／Relay は、subscribe 時にひとつ過去のイベントを受け取ることができます。最初に subscribe するときには、宣言時に設定した初期値を受け取ります。

3.3.5 それぞれの使い分け

大まかな使い分けは次の通りです。

・Subject
—「通信処理や DB 処理等」エラーが発生したときにその内容によって処理を分岐させたい
・Relay
—UI に値を Bind する

UI に Bind している Observable で onError や onComplete が発生しまうと購読が止まってしまいます。これではその先のタップイベントや入力イベントを拾えなくなってしまうので、onNext のみが流れることが保証されている Relay を使うのが適切です。

Tips: internal（public）な Subject,Relay

Subject と Relay はとても便利です。開発の幅が広がるのはよいのですが、逆にコードが複雑になることがあります。具体的には、internal（public）な Subject や Relay を定義してしまうと、クラスの外からもイベントを発生させることができます。そのアプリが肥大化していくと、どこでイベント発生させているかわかりにくくなり、デバッグをするのが大変になります。

ですので、Subject や Relay は private として定義して、外部へ公開するための Observable を用意するのが一般的です。次のコードのように定義します。

リスト 3.10: BehaviorRelay のサンプル

```
1: private let items = BehaviorRelay<[String]>(value: [])
2:
3: var itemsObservable: Observable<[String]> {
4:     return items.asObservable()
5: }
```

Tips: Relay は、Subject の薄いラッパー

Subject と Relay の特徴が違うと説明しましたが、Relay の実装コードを見てみると、実は Relay は Subject の薄いラッパーとして定義されていることがわかります。それぞれ onNext イベントは流せますが、Relay の場合は onNext イ

ベントを流すメソッドがSubjectと異なるので注意しましょう。

リスト3.11: SubjectとRelayのonNextイベントの流し方

```
1: let hogeSubject = PublishSubject<String>()
2: let hogeRelay = PublishRelay<String>()
3:
4: hogeSubject.onNext("ほげ")
5: hogeRelay.accept("ほげ")
```

呼び出すメソッドが違うのでなにか特別なことしてるのかな？と思うかもしれませんが、そういうわけではありません。PublishRelayのコードを見てみましょう。

リスト3.12: PublishRelayの実装コード（一部省略）

```
 1: public final class PublishRelay<Element>: ObservableType {
 2:     public typealias E = Element
 3:
 4:     private let _subject: PublishSubject<Element>
 5:
 6:     // Accepts 'event' and emits it to subscribers
 7:     public func accept(_ event: Element) {
 8:         _subject.onNext(event)
 9:     }
10:
11:     // ...
```

コードを見てみると、内部的にはonNextを呼んでいるので、特別なことはしていないというのがわかります。

3.3.6 bind

Observable／Observerに対してbindメソッドを使うと、指定したものにイベントストリームを接続できます。「bind」と聞くと双方向データバインディングを想像しますが、RxSwiftのbindは単方向データバインディングです。

bindメソッドは、独自でなにか難しいことをやっているわけではなく、振る舞いはsubscribeして値をセットすることとほぼ同じです。

実際にコードを比較してみましょう。

リスト3.13: Bindを用いたコードのサンプル

```
1: import RxSwift
2: import RxCocoa
3:
4: // ...
5:
```

```
 6:   @IBOutlet weak var nameTextField: UITextView!
 7:   @IBOutlet weak var nameLabel: UILabel!
 8:   private let disposeBag = DisposeBag()
 9:
10:   // ①bindを利用
11:   nameTextField.rx.text
12:     .bind(to: nameLabel.rx.text)
13:     .disposed(by: disposeBag)
14:
15:   // ②subscribeを利用
16:   nameTextField.rx.text
17:     .subscribe(onNext: { [weak self] text in
18:       self?.nameLabel.text = text
19:   })
20:     .disposed(by: disposeBag)
```

　このコードでは、①bindを利用した場合と、②subscribeを利用した場合をそれぞれ定義しました。ふたつのコードはまったく同じ動作をします、振る舞いが同じという意味が伝わったでしょうか？

3.3.7　Operator

　ここまでのコードでは、Observableから流れてきた値をそのままsubscribe（もしくはbind）するコードがほとんどでした。ですが、実際のプロダクションコードではそのままsubscribe（bind）することよりも、途中で値を加工してsubscribe（bind）する場合が多くなります。たとえば、入力されたテキストの文字数を数えて「あとN文字」とラベルのテキストに反映するというような仕組みはよくあるパターンのひとつです。

　そこで活躍するのが、Operatorという概念です。Operatorは、Observableに対してイベントの値の変換・絞り込みなどの加工を施して、新たにObservableを生成する仕組みです。他に、ふたつのObservableのイベントを合成・結合もできます。

　ただし、Operatorは色々なことができるため、全てのOperatorの概要や使い方の説明だけで1冊の本が書けるレベルです。本書とは少し趣旨がずれてしまうため、ここではよく使われるOperatorにフォーカスを絞って紹介します。

　よく使われるOperatorは次のとおりです。

・変換
　　—map：通常の高階関数と同じ動き
　　—flatMap：通常の高階関数と同じ動き
　　—reduce：通常の高階関数と同じ動き
　　—scan：reduceに似ており、途中結果もイベント発行ができる
　　—debounce：指定時間イベントが発生しなかったら、最後に流されたイベントを流す
・絞り込み

—filter：通常の高階関数と同じ動き

—take：指定時間の間だけイベントを通知してonCompletedする

—skip：名前のとおり、指定時間の間はイベントを無視する

—distinct：重複イベントを除外する

・組み合わせ

—zip：複数のObservableを組み合わせる（異なる型でも可能）

—merge：複数のObservableを組み合わせる（異なる型では不可能）

—combineLatest：複数のObservableの最新値を組み合わせる（異なる型でも可能）

—sample：引数に渡したObservableのイベントが発生されたら、元のObservableの最新イベントを通知

—concat：複数のObservableのイベントを順番に組み合わせる（異なる型では不可能）

RxSwiftを書き始めたばかりの人は、どれがどんな動きをするか全然わからないと思います。そこで、さらにスコープを狭めて、簡単でよく使うものをサンプルコードを加えてピックアップしました。

map

リスト3.14: Operator - map サンプル

```
1: // hogeTextFieldのテキスト文字数を数えてfooTextLabelのテキストへ反映
2: hogeTextField.rx.text
3:   .map { text -> String? in
4:     guard let text = text else { return nil }
5:     return "あと\(text.count)文字"
6:   }
7:   .bind(to: fooTextLabel.rx.text)
8:   .disposed(by: disposeBag)
```

必ずObservableに流れるイベントの値を使う必要はありません。次のように、クラス変数やメソッド内変数を取り入れてbindすることもできます。

リスト3.15: Operator - map サンプル2

```
1: // ボタンをタップしたときにnameLabelにユーザーの名前を表示する
2: let user = User(name: "k0uhashi")
3:
4: showUserNameButton.rx.tap
5:   .map { [weak self] in
6:     return self?.user.name
7:   }
8:   .bind(to: nameLabel.rx.text)
9:   .disposed(by: disposeBag)
```

filter

リスト3.16: Operator - filter サンプル

```
1: // 整数が流れるObservableから偶数のイベントのみに絞り込んでevenObservableに流す
2: numberSubject
3:     .filter { $0 % 2 == 0 }
4:     .bind(to: evenSubject)
5:     .disposed(by: disposeBag)
```

zip

一例として、複数のAPIにリクエストして同時に反映したい場合に使用することがあります。

リスト3.17: Operator - zip サンプル

```
1: Observable.zip(api1Observable, api2Observable)
2:     .subscribe(onNext: { (api1, api2) in
3:         // ↑タプルとして受け取ることができます
4:         // ...
5:     })
6:     .disposed(by: disposeBag)
```

3.4 HotなObservableとColdなObservable

これまでObservableとそれらを支える仕組みについて記載してきました。Observableには実は2種類の性質があり、「HotなObservable」と「ColdなObservable」です。本書ではHotなObservableを主に扱っています。

HotなObservableの特徴は次のとおりです。

・subscribeされなくても動作する

・複数の箇所でsubscribeしたとき、全てのObservableで同じイベントが同時に流れる

ColdなObservableの特徴は次のとおりです。

・subscribeしたときに動作する

・単体では意味がない

・複数の箇所でsubscribeしたとき、それぞれのObservableでそれぞれのイベントが流れる

ColdなObservableの使い所として、非同期通信処理があります。サンプルとして、subscribe時にひとつの要素を返すObservableを作成する関数を定義してみましょう

リスト3.18: CondなObservableのサンプル

```
1: func myJust<E>(_ element: E) -> Observable<E> {
2:     return Observable.create { observer in
3:         observer.on(.next(element))
4:         observer.on(.completed)
```

```
 5:        return Disposables.create()
 6:     }
 7: }
 8:
 9: _ = myJust(100)
10:     .subscribe(onNext: { value in
11:         print(value)
12:     })
```

　余談ですが、このような1回通知してonCompletedするObservableのことは「just」と呼ばれてます

> **振り返りTips: myJustはdisposed（by:）しなくてもよい**
>
> 　さきほど作ったmyJust関数は、disposed(by:)もしくはdispose()を呼ばなくても大丈夫です。少し振り返ってみましょう。
> 　Observableの特徴として、onError、onCompletedイベントは1度しか流れず、その時点で購読を破棄するというのがありました。myJust関数内ではonNextイベントが送られたあと、onCompletedイベントを送っています。明示的に購読を破棄する必要はありません。

第4章 比較しながら、簡単なアプリを作ってみよう！

　ここまではRxSwift／RxCocoaの概念や基本的な使い方について紹介してきました。本章では、実際にアプリを作りながら解説していきます。

　まずは簡単なアプリから作ってみましょう。いきなりRxSwiftを使ってコードを書いても理解に時間がかかるかと思うので、まずひとつのテーマごとにcallbackやdelegate、KVOパターンを使って実装し、それをどうRxSwiftに置き換えるか？という観点でアプリを作っていきます。（本書のテーマである**「比較して学ぶ」**というのはこのことを指しています）

　では、作っていきましょう！

4.1　カウンターアプリを作ってみよう！

　この節ではカウンターアプリをテーマにcallback、delegate、RxSwift、それぞれのパターンで実装したコードを比較し、どう書くかを学びます。

　まずはアプリの機能要件を決めます。

4.1.1　機能要件

- ・カウントの値を見ることができる
- ・カウントアップができる
- ・カウントダウンができる
- ・リセットができる

4.1.2 画面のイメージ

図 4.1: 作成するアプリのイメージ

4.1.3 プロジェクトの作成

まずはプロジェクトを作成します。ここは特別なことをやっていないのでサクサクといきます。

図 4.2: プロジェクトの作成

Xcodeを新規で起動して、Create a new Xcode projectを選択します。

図 4.3: テンプレートの選択

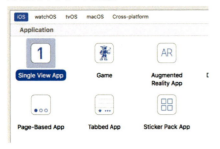

テンプレートを選択し、Single View Appを選択します。

図 4.4: プロジェクトの設定

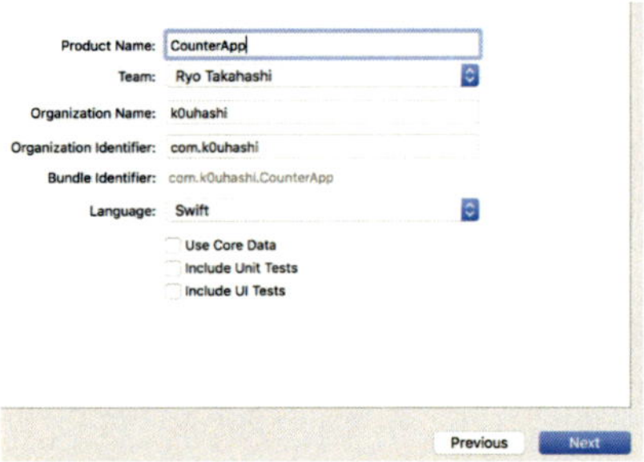

プロジェクトの設定をします。ここは各自好きなように設定してください。Nextボタンを押してプロジェクトの作成ができたら、一度Xcodeを終了します。

4.1.4 環境設定

terminal.appを起動し、作成したプロジェクトのディレクトリーまで移動します。

```
cd your/project/path/
```

ライブラリーの導入を行います。プロジェクト内でCocoapodsの初期化を行いましょう。

```
pod init
```

成功すると、ディレクトリー内にPodfileというファイルが生成されているのでこれを編集します。

```
vi Podfile
```

ファイルを開いたら、次のように編集してください。

リスト 4.1: Podfile の編集

```
1: # platform :ios, '9.0'
2:
3: target 'CounterApp' do
4:   use_frameworks!
5:
6:   pod 'RxSwift',    '~> 4.3.1' # ★この行を追加
7:   pod 'RxCocoa',    '~> 4.3.1' # ★この行を追加
8:
9: end
```

編集して保存し、導入のためインストール用コマンドを入力します。

```
pod install
```

次のような結果が表示されれば成功です。

```
Analyzing dependencies
Downloading dependencies
Installing RxCocoa (4.3.1)
Installing RxSwift (4.3.1)
Generating Pods project
Integrating client project

[!] Please close any current Xcode sessions and use
`CounterApp.xcworkspace` for this project from now on.Sending stats
Pod installation complete! There are 2 dependencies
from the Podfile and 2 total pods installed.

[!] Automatically assigning platform `ios` with version `11.4` on
target `CounterApp` because no platform was specified.
Please specify a platform for this target in your Podfile.
See `https://guides.cocoapods.org/syntax/podfile.html=platform`.
```

環境設定はこれで完了です。次回以降プロジェクトを開く時は、必ず「CounterApp.xcworkspace」から開くようにしましょう

（Xcode 上、もしくは Finder 上で CounterApp.xcworkspace を指定しないと、導入したライブラリーが使えません）

4.1.5　開発を加速させる設定

★この節は今後何度も使うので付箋やマーカーを引いておきましょう！

この節では開発を加速させるための設定を行います。具体的にはStoryboardを取り除き、ViewController.swift + xibを使って開発する手法に切り替えるための設定を行います。

Storyboardの除去

Storyboardは画面遷移の設定が簡単にできたり、一見で画面がどう遷移していくかわかりやすくてよい面もあります。しかし、アプリが大きくなってくると画面遷移が複雑になって見辛くなったり、小さなViewController（アラートやダイアログを出すものなど）の生成が面倒です。またチームの人数が複数になると*.storyboardがconflictしまくるなど色々な問題があるので、Storyboardを除去します。

Storyboardを除去するために、次のことを行います

1. Main.storyboardの削除
2. Info.plistの設定
3. AppDelegateの整理
4. ViewController.xibの作成

順番に進めましょう。

1．Main.storyboardの削除

- CounterApp.xcworkspaceを開く
- /CouterApp/Main.storyboardをDeleteする
  - Move to Trashを選択

2．Info.plist

Info.plistにはデフォルトでMain.storyboardを使ってアプリを起動する設定が書かれているので、その項目を削除します。

- Info.plistを開く
- Main storyboard file base nameの項目を削除する

3．AppDelegateの整理

Main.storyboardを削除したことによって、一番最初に起動するViewControllerの設定が失われました。このままではアプリが正しく起動できないので、AppDelegate.swiftに一番最初に起動するViewControllerを設定します。

リスト4.2: AppDelegate.swiftを開く

```
1: //AppDelegate.swift
2: import UIKit
3:
4: @UIApplicationMain
5: class AppDelegate: UIResponder, UIApplicationDelegate {
6:
7:     var window: UIWindow?
```

```
 8:
 9:    func application(_ application: UIApplication,
10:                     didFinishLaunchingWithOptions launchOptions:
11:    [UIApplication.LaunchOptionsKey: Any]?) -> Bool {
12:        self.window = UIWindow(frame: UIScreen.main.bounds)
13:        let navigationController =
14:            UINavigationController(rootViewController: ViewController())
15:        self.window?.rootViewController = navigationController
16:        self.window?.makeKeyAndVisible()
17:        return true
18:    }
19:
20: }
```

4．ViewController.xib の作成

Main.storyboard を削除してことによって、一番最初に起動する ViewController の画面のデータがなくなってしまったので新しく作成します。

・New File > View > Save As: ViewController.xib > Create
・ViewController.xib を開く
・Placeholders > File's Owner を選択
・Class に ViewController を指定

図 4.5: ViewController.xib の設定 1

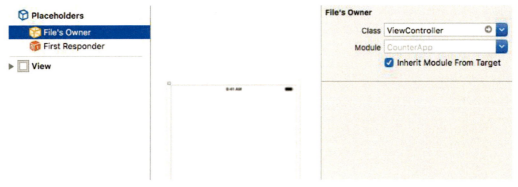

Outlets の view と、ViewController の View を接続します。

第 4 章　比較しながら、簡単なアプリを作ってみよう！ 43

図 4.6: ViewController.xib の設定 2

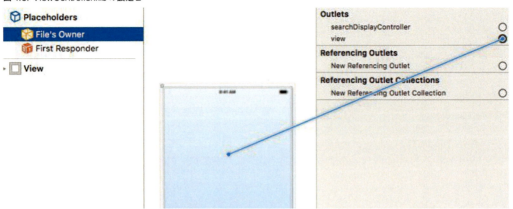

　これでアプリの起動ができるようになりました。Build & Run で確認してみましょう。次の画面が表示されたら成功です。

図 4.7: 起動したアプリの画面

　起動に失敗する場合、ViewController.xib が正しく設定されているか、もういちど確認してみましょう。
　これで環境設定は終了です。今後画面を追加するときには、同様の手順で作成していきます。

新しい画面を追加するときの手順まとめ

・ViewController.swift の作成

・ViewController.xib の作成

・ViewController.xib の設定

　―Class の指定

　―View の Outlet の設定

Tips: 画面遷移

　ViewController.swift + Xib という構成にしたことによって、ViewController の生成が楽になり、画面遷移の実装が少ない行数で実現できるようになりました。画面遷移は次のコードで実装できます。

リスト 4.3: 画面遷移の実装
```
1: let viewController = ViewController()
2: navigationController?.pushViewController(viewController, animated: true)
```

4.1.6　CallBack パターンで作るカウンターアプリ

さて、ようやくここから本題に入ります、まずは ViewController.swift を整理しましょう。

・ViewController.swift を開く

・リスト 4.4 の内容に編集

　―didReceiveMemoryWarning メソッドは特に使わないので削除

リスト 4.4: ViewController の整理
```
1: import UIKit
2: 
3: class ViewController: UIViewController {
4: 
5:     override func viewDidLoad() {
6:         super.viewDidLoad()
7:     }
8: }
```

スッキリしました。使わないメソッドやコメントは積極的に削除していきましょう。次に、画面を作成します。

UIButton を 3 つと UILabel をひとつ配置します。

図 4.8: 部品の設置

UI部品の配置が終わったら、ViewController.swiftとUIを繋げます。UILabelはIBOutlet、UIButtonはIBActionとして繋げていきます。

リスト 4.5: IBActionの作成

```
 1: import UIKit
 2:
 3: class ViewController: UIViewController {
 4:
 5:   @IBOutlet weak var countLabel: UILabel!
 6:
 7:   override func viewDidLoad() {
 8:     super.viewDidLoad()
 9:   }
10:
11:   @IBAction func countUp(_ sender: Any) {
12:   }
13:
14:   @IBAction func countDown(_ sender: Any) {
15:   }
16:
17:   @IBAction func countReset(_ sender: Any) {
```

```
18:     }
19: }
```

次に、ViewModelを作ります。ViewModelには次の役割をもたせています。

・カウントデータの保持

・カウントアップ、カウントダウン、カウントリセットの処理

リスト4.6: ViewModelの作成

```
 1: class CounterViewModel {
 2:     private(set) var count = 0
 3:
 4:     func incrementCount(callback: (Int) -> ()) {
 5:         count += 1
 6:         callback(count)
 7:     }
 8:
 9:     func decrementCount(callback: (Int) -> ()) {
10:         count -= 1
11:         callback(count)
12:     }
13:
14:     func resetCount(callback: (Int) -> ()) {
15:         count = 0
16:         callback(count)
17:     }
18: }
```

ViewModelを作ったので、ViewControllerでViewModelを使うように修正します。

リスト4.7: ViewControllerの修正

```
 1: class ViewController: UIViewController {
 2:
 3:     @IBOutlet weak var countLabel: UILabel!
 4:
 5:     private var viewModel: CounterViewModel!
 6:
 7:     override func viewDidLoad() {
 8:         super.viewDidLoad()
 9:         viewModel = CounterViewModel()
10:     }
11:
```

```
12:     @IBAction func countUp(_ sender: Any) {
13:         viewModel.incrementCount(callback: { [weak self] count in
14:             self?.updateCountLabel(count)
15:         })
16:     }
17:
18:     @IBAction func countDown(_ sender: Any) {
19:         viewModel.decrementCount(callback: { [weak self] count in
20:             self?.updateCountLabel(count)
21:         })
22:     }
23:
24:     @IBAction func countReset(_ sender: Any) {
25:         viewModel.resetCount(callback: { [weak self] count in
26:             self?.updateCountLabel(count)
27:         })
28:     }
29:
30:     private func updateCountLabel(_ count: Int) {
31:         countLabel.text = String(count)
32:     }
33: }
```

これで、機能要件を満たすことができました。実際に Build & Run して確認してみましょう。
callbackで書く場合のメリット・デメリットをまとめてみます。

・メリット

—記述が簡単

・デメリット

—ボタンを増やすたびに対応するボタンの処理メソッドが増えていく

・ラベルの場合も同様

・画面が大きくなっていくにつれてメソッドが多くなり、コードが読みづらくなってくる

—ViewControllerとViewModelに分けたものの、完全にUIと処理の切り分けができているわけではない

4.1.7　Delegateで作るカウンターアプリ

次に、delegateを使って実装してみましょう。

まずはDelegateを作ります。

リスト4.8: Delegateの作成

```
1: protocol CounterDelegate {
2:     func updateCount(count: Int)
3: }
```

次に、Presenterを作ります

リスト4.9: Presenter の作成

```
1: class CounterPresenter {
2:     private var count = 0 {
3:         didSet {
4:             delegate?.updateCount(count: count)
5:         }
6:     }
7:
8:     private var delegate: CounterDelegate?
9:
10:    func attachView(_ delegate: CounterDelegate) {
11:        self.delegate = delegate
12:    }
13:
14:    func detachView() {
15:        self.delegate = nil
16:    }
17:
18:    func incrementCount() {
19:        count += 1
20:    }
21:
22:    func decrementCount() {
23:        count -= 1
24:    }
25:
26:    func resetCount() {
27:        count = 0
28:    }
29: }
```

最後に、ViewControllerをさきほど作成したPresenterを使うように修正しましょう。

リスト4.10: ViewController の修正

```
 1: class ViewController: UIViewController {
 2:
 3:     @IBOutlet weak var countLabel: UILabel!
 4:
 5:     private let presenter = CounterPresenter()
 6:
 7:     override func viewDidLoad() {
 8:         super.viewDidLoad()
 9:         presenter.attachView(self)
10:     }
11:
12:     @IBAction func countUp(_ sender: Any) {
13:         presenter.incrementCount()
14:     }
15:
16:     @IBAction func countDown(_ sender: Any) {
17:         presenter.decrementCount()
18:     }
19:
20:     @IBAction func countReset(_ sender: Any) {
21:         presenter.resetCount()
22:     }
23: }
24:
25: extension ViewController: CounterDelegate {
26:     func updateCount(count: Int) {
27:         countLabel.text = String(count)
28:     }
29: }
```

　Build & Run してみましょう。callbackの場合とまったく同じ動きをしていたら成功です。Delegateを使った書き方のメリット・デメリットをまとめます。
　・メリット
　　―処理を委譲できる
　　　・incrementCount()、decrementCount()、resetCount()がデータの処理に集中できる
　　　・callback(count)しなくてもよい
　・デメリット
　　―ボタンを増やすたびに対応する処理メソッドが増えていく
　データを処理する関数が完全に処理に集中できるようになったのはよいことですが、ボタンとメソッドの個数が1：1になっている問題がまだ残っています。このままアプリが大きくなっていく

につれてメソッドが多くなり、どのボタンの処理がどのメソッドの処理なのかパッと見た感じでは
わからなくなり、コード全体の見通しが悪くなってしまいます。

この問題はRxSwift/RxCocoaを使うことで解決できます。実際にRxSwiftを使って作ってみま
しょう。

4.1.8　RxSwiftで作るカウンターアプリ

さきほどのPresenterとCounterProtocolはもう使わないので削除しておきましょう。まずは
RxSwiftを用いたViewModelを作るためのProtocolとInput用の構造体を作ります

リスト4.11: ProtocolとStructの作成

```
 1: // ViewModelと同じクラスファイルに定義したほうが良いかも（好みやチームの規約による）
 2: import RxSwift
 3: import RxCocoa
 4:
 5: struct CounterViewModelInput {
 6:     let countUpButton: Observable<Void>
 7:     let countDownButton: Observable<Void>
 8:     let countResetButton: Observable<Void>
 9: }
10:
11: protocol CounterViewModelOutput {
12:     var counterText: Driver<String?> { get }
13: }
14:
15: protocol CounterViewModelType {
16:     var outputs: CounterViewModelOutput? { get }
17:     func setup(input: CounterViewModelInput)
18: }
```

次にViewModelを作ります。CallBackパターンでも作りましたが、紛らわしくならないように新
しい名前で作り直します。

リスト4.12: ViewModelの作成

```
 1: import RxSwift
 2: import RxCocoa
 3:
 4:
 5: struct CounterViewModelInput {
 6:     let countUpButton: Observable<Void>
 7:     let countDownButton: Observable<Void>
 8:     let countResetButton: Observable<Void>
```

```
 9: }
10:
11: protocol CounterViewModelOutput {
12:     var counterText: Driver<String?> { get }
13: }
14:
15: protocol CounterViewModelType {
16:     var outputs: CounterViewModelOutput? { get }
17:     func setup(input: CounterViewModelInput)
18: }
19:
20: class CounterRxViewModel: CounterViewModelType {
21:     var outputs: CounterViewModelOutput?
22:
23:     private let countRelay = BehaviorRelay<Int>(value: 0)
24:     private let initialCount = 0
25:     private let disposeBag = DisposeBag()
26:
27:     init() {
28:         self.outputs = self
29:         resetCount()
30:     }
31:
32:     func setup(input: CounterViewModelInput) {
33:         input.countUpButton
34:             .subscribe(onNext: { [weak self] in
35:                 self?.incrementCount()
36:             })
37:             .disposed(by: disposeBag)
38:
39:         input.countDownButton
40:             .subscribe(onNext: { [weak self] in
41:                 self?.decrementCount()
42:             })
43:             .disposed(by: disposeBag)
44:
45:         input.countResetButton
46:             .subscribe(onNext: { [weak self] in
47:                 self?.resetCount()
48:             })
49:             .disposed(by: disposeBag)
```

```
50:
51:     }
52:
53:     private func incrementCount() {
54:         let count = countRelay.value + 1
55:         countRelay.accept(count)
56:     }
57:
58:     private func decrementCount() {
59:         let count = countRelay.value - 1
60:         countRelay.accept(count)
61:     }
62:
63:     private func resetCount() {
64:         countRelay.accept(initialCount)
65:     }
66: }
67:
68: extension CounterRxViewModel: CounterViewModelOutput {
69:     var counterText: Driver<String?> {
70:         return countRelay
71:             .map { "Rxパターン:\($0)" }
72:             .asDriver(onErrorJustReturn: nil)
73:     }
74: }
```

ViewControllerも修正しましょう。全てのIBActionと接続を削除してIBOutletを定義し、接続しましょう。

リスト4.13: ViewControllerの修正

```
 1: import RxSwift
 2: import RxCocoa
 3:
 4: class ViewController: UIViewController {
 5:
 6:     @IBOutlet weak var countLabel: UILabel!
 7:     @IBOutlet weak var countUpButton: UIButton!
 8:     @IBOutlet weak var countDownButton: UIButton!
 9:     @IBOutlet weak var countResetButton: UIButton!
10:
11:     private let disposeBag = DisposeBag()
```

```
12:
13:     private var viewModel: CounterRxViewModel!
14:
15:     override func viewDidLoad() {
16:         super.viewDidLoad()
17:         setupViewModel()
18:     }
19:
20:     private func setupViewModel() {
21:         viewModel = CounterRxViewModel()
22:         let input = CounterViewModelInput(
23:             countUpButton: countUpButton.rx.tap.asObservable(),
24:             countDownButton: countDownButton.rx.tap.asObservable(),
25:             countResetButton: countResetButton.rx.tap.asObservable()
26:         )
27:         viewModel.setup(input: input)
28:
29:         viewModel.outputs?.counterText
30:             .drive(countLabel.rx.text)
31:             .disposed(by: disposeBag)
32:     }
33: }
```

Build & Run で実行してみましょう。まったく同じ動作をしていたら成功です。

> **Tips: あれ？コード間違っていないのにクラッシュする？そんな時は**
>
> 　新しい画面を作成・既存の画面をいじっていて、ふと Build & Run を実行したとき、あれ？コードに手を加えてないのにクラッシュするようになった？？と不思議になる場面は初心者の頃はあるあるな問題かと思います。
> 　そんなときは、1度いじっていた xib/storyboard の IBAction の接続・接続解除、IBOutlet の接続・接続解除が正しくできているか確認してみましょう。

　ViewController 内では、setupViewModel 関数として切り出して定義して viewDidLoad() 内で呼び出しています。
　この書き方についてまとめてみます。
・メリット
　―ViewController
　　・スッキリした
　　・Input/Output だけ気にすれば良くなった
　―ViewModel
　　・処理を集中できた

- increment, decrement, resetがデータの処理に集中できた
- ViewControllerのことを意識しなくてもよい
- 例:delegate?.updateCount(count: count)のようなデータの更新の通知を行わなくてもよい
・デメリット
—コード量が他パターンより多い
—書き方に慣れるまで時間がかかる

　大きなメリットはやはり「ViewModelはViewControllerのことを考えなくてもよくなる」ところです。ViewControllerがViewModelの値を監視して変更があったらUIを自動で変更させているため、ViewModel側から値が変わったよ！と通知する必要がなくなるのです。
　また、RxSwift+MVVMの書き方は慣れるまで時間がかかるかと思うので、まずはUIButton.rx.tapだけ使う、PublishSubject系だけを使う…など小さく始めるのもひとつの方法です。

4.1.9　まとめ

　この章では、callback、delegate、RxSwift、3つのパターンでカウンターアプリを作りました。callback、delegateパターンで課題であったUIと処理の分離できていない問題に関しては、RxSwiftを用いたことで解決できました。
　全ての開発においてRxSwiftを導入した書き方が正しいとは限りませんが、ひとつの解決策として覚えておくだけでもよいと思います。

おまけ：カウンターアプリを昇華させよう！

　この項目はおまけです。さきほど作ったコードに加えて、次の機能を追加してみましょう！
・追加の機能要件
　—+10カウントアップできる
　—-10カウントダウンできる
　—カウンターの値をDBに保存しておいて、復帰時にDBから参照させるように変更

4.2　WebViewアプリを作ってみよう！

　この章ではWKWebViewを使ったアプリをテーマに、KVOの実装パターンをRxSwiftに置き換える方法について学びます。

4.2.1　この章のストーリー

1. WKWebView+KVOを使ったWebViewアプリを作成
2. WKWebView+RxSwiftに書き換える

4.2.2 イメージ

図 4.9: アプリのイメージ

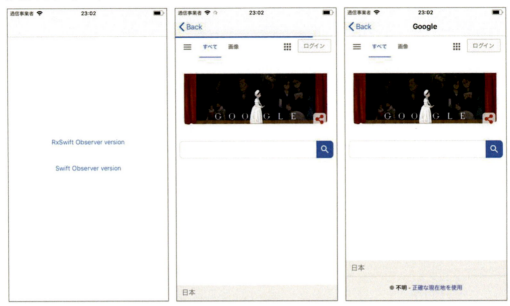

　WebView と ProgressView を配置して、Web ページの読み込みに合わせてゲージ・インジケーター・Navigation タイトルを変更するようなアプリを作ります。

　サクっといきましょう！まずは新規プロジェクトを作成します。プロジェクトの設定や ViewController の設定は第 5 章の「開発を加速させる設定」を参照してください。ここでは WKWebViewController.xib という名前で画面を作成し、中に WKWebView と UIProgressView を配置します。

図 4.10: UI を配置する

画面ができたら、ViewController クラスを作っていきます。

リスト 4.14: KVO で実装する

```
 1: import UIKit
 2: import WebKit
 3:
 4: class WKWebViewController: UIViewController {
 5:     @IBOutlet weak var webView: WKWebView!
 6:     @IBOutlet weak var progressView: UIProgressView!
 7:
 8:     override func viewDidLoad() {
 9:         super.viewDidLoad()
10:         setupWebView()
11:     }
12:
13:     private func setupWebView() {
14:         // webView.isLoadingの値の変化を監視
15:         webView.addObserver(self, forKeyPath: "loading",
16:             options: .new, context: nil)
17:         // webView.estimatedProgressの値の変化を監視
18:         webView.addObserver(self, forKeyPath: "estimatedProgress",
19:             options: .new, context: nil)
20:
```

```
21:        let url = URL(string: "https://www.google.com/")
22:        let urlRequest = URLRequest(url: url!)
23:        webView.load(urlRequest)
24:        progressView.setProgress(0.1, animated: true)
25:    }
26:
27:    deinit {
28:        // 監視を解除
29:        webView?.removeObserver(self, forKeyPath: "loading")
30:        webView?.removeObserver(self, forKeyPath: "estimatedProgress")
31:    }
32:
33:    override func observeValue(forKeyPath keyPath: String?,
34:        of object: Any?, change: [NSKeyValueChangeKey : Any]?,
35:        context: UnsafeMutableRawPointer?) {
36:        if keyPath == "loading" {
37:            UIApplication.shared
38:                .isNetworkActivityIndicatorVisible = webView.isLoading
39:            if !webView.isLoading {
40:                // ロード完了時にProgressViewの進捗を0.0(非表示)にする
41:                progressView.setProgress(0.0, animated: false)
42:                // ロード完了時にNavigationTitleに読み込んだページのタイトルをセット
43:                navigationItem.title = webView.title
44:            }
45:        }
46:        if keyPath == "estimatedProgress" {
47:            // ProgressViewの進捗状態を更新
48:            progressView
49:                .setProgress(Float(webView.estimatedProgress), animated: true)
50:        }
51:    }
52: }
```

　KVO（Key-Value Observing:キー値監視）とは、特定のオブジェクトのプロパティ値の変化を監視する仕組みです。KVOはObjective－Cのメカニズムを使っていて、NSValueクラスに大きく依存しています。そのため、NSObjectを継承できない構造体（struct）はKVOの仕組みが使えません。

　KVOをSwiftで使うためにはオブジェクトをclassで定義し、プロパティにobjc属性とdynamicをつけます。WKWebViewのプロパティのうち、title、url、estimatedProgressは標準でKVOに対応しているので、今回はそれを使います。

　では実際コード内で何をしているかというと、viewDidLoad()時にWebViewのプロパティの値を

監視させて、値が変更されたときにUIを更新させています。addObserverの引数にプロパティ名を渡すとその値が変化された時にobserveValue(forKeyPath keyPath: String?, of object: Any?, change: [NSKeyValueChangeKey : Any]?, context: UnsafeMutableRawPointer?)が呼ばれます。observeValueのkeyPathにはaddObserverで設定したforKeyPathの値が流れてくるので、その値で条件分岐してUIを更新します。

　この方法では全ての値変化の通知をobserveValueで受け取って条件分岐するため、段々とobserveValueメソッドが肥大化していく問題があります。また、KVOはObjective-Cのメカニズムであるため、型の安全性が考慮されていません。さらに、KVOを使った場合の注意点としてaddObserverした場合、deinit時にremoveObserverを呼ばないと、最悪の場合メモリーリークを引き起こし、アプリが強制終了する可能性があります。忘れずにremoveObserverを呼びましょう。

　とはいえ、removeObserverを呼ぼうと注意していても人間である以上、絶対にいつか忘れます。クラスが肥大化してくるにつれ、その確率は上がってきます。

　こういった問題はRxSwiftを使うことで簡単に解決できます！RxSwiftに書き換えてみましょう。と、その前にRxOptionalというRxSwiftの拡張ライブラリーを導入します。理由は後述しますが、簡単にいうとOptionalな値を流すストリームに対してさまざまなことができるようになるライブラリーです。

　Podfileにライブラリーを追加しましょう

リスト4.15: Podfileの修正

```
1: pod 'RxSwift',    '~> 4.3.1'
2: pod 'RxCocoa',    '~> 4.3.1'
3: pod 'RxOptional', '~> 3.5.0'
```

　では、導入したライブラリーも使いつつ、KVOで書かれた実装をRxSwiftを使うようにリプレースしていきます。

リスト4.16: RxSwiftでリプレース

```
 1: import UIKit
 2: import WebKit
 3: import RxSwift
 4: import RxCocoa
 5: import RxOptional
 6:
 7: class WKWebViewController: UIViewController {
 8:     @IBOutlet weak var webView: WKWebView!
 9:     @IBOutlet weak var progressView: UIProgressView!
10:
11:     private let disposeBag = DisposeBag()
12:
13:     override func viewDidLoad() {
```

```
14:         super.viewDidLoad()
15:         setupWebView()
16:     }
17:
18:     private func setupWebView() {
19:
20:         // プログレスバーの表示制御、ゲージ制御、アクティビティーインジケーター表示制御で使うため、一旦オブザーバーを定義
21:         let loadingObservable = webView.rx.observe(Bool.self, "loading")
22:             .filterNil()
23:             .share()
24:
25:         // プログレスバーの表示・非表示
26:         loadingObservable
27:             .map { return !$0 }
28:             .bind(to: progressView.rx.isHidden)
29:             .disposed(by: disposeBag)
30:
31:         // iPhoneの上部の時計のところのバーの（名称不明）アクティビティーインジケーター表示制御
32:         loadingObservable
33:             .bind(to: UIApplication.shared.rx.isNetworkActivityIndicatorVisible)
34:             .disposed(by: disposeBag)
35:
36:         // NavigationControllerのタイトル表示
37:         loadingObservable
38:             .map { [weak self] _ in return self?.webView.title }
39:             .bind(to: navigationItem.rx.title)
40:             .disposed(by: disposeBag)
41:
42:         // プログレスバーのゲージ制御
43:         webView.rx.observe(Double.self, "estimatedProgress")
44:             .filterNil()
45:             .map { return Float($0) }
46:             .bind(to: progressView.rx.progress)
47:             .disposed(by: disposeBag)
48:
49:         let url = URL(string: "https://www.google.com/")
50:         let urlRequest = URLRequest(url: url!)
51:         webView.load(urlRequest)
```

```
52:     }
53: }
```

どうでしょうか？ネストも浅くなり、かなり読みやすくなりました。色々説明するポイントはありますが、この章ではじめ出てきたメソッドについて説明していきます。

import RxOptional
　　導入したRxOptionalライブラリーをswiftファイル内で使用するために宣言

rx.observe
　　rx.observeはKVOを取り巻く単純なラッパーです。単純であるため、パフォーマンスが優れていますが、用途は限られています。self.から始まるパスと、子オブジェクトのみ監視できます。
　　たとえば、self.view.frameを監視したい場合、第二引数にview.frameを指定します。ただし、プロパティに対して強参照するため、self内のパラメータに対してrx.observeしてしまうと、循環参照を引き起こし最悪の場合アプリがクラッシュします。弱参照したい場合は、rx.observeWeaklyを使いましょう。
　　KVOはObjective-Cの仕組みで動いていると書きましたが、RxCocoaでは実は構造体であるCGRect、CGSize、CGPointに対してKVOを行う仕組みが実装されています。これはNSValueから値を手動で抽出する仕組みを使っていて、RxCocoaライブラリー内のKVORepresentable+CoreGraphics.swiftにKVORepresentableプロトコルを使って抽出する実装コードが書かれているので、独自で作りたい場合はここを参考にするとよさそうです。

filterNil()
　　RxOptionalで定義されているOperator
　　名前でなんとなくイメージできるかもしれませんが、nilの場合は値を流さず、nilじゃない場合はunwrapして値を流すOperatorです。コードで比較するとわかりやすいです、次のコードを見てみましょう。どちらもまったく同じ動作をします。

リスト4.17: filterNil()の比較

```
 1: // RxSwift
 2: Observable<String?>
 3:     .of("One",nil,"Three")
 4:     .filter { $0 != nil }
 5:     .map { $0! }
 6:     .subscribe { print($0) }
 7:
 8: // RxOptional
 9: Observable<String?>
10:     .of("One", nil, "Three")
11:     .filterNil()
```

```
12:        .subscribe { print($0) }
```

share()

　一言で説明すると、Cold な Observable を Hot な Observable へ変換する Operator です。まずは次のコードを見てください。

リスト4.18: share() がない場合

```
 1:    let text = textField.rx.text
 2:        .map { text -> String in
 3:          print("call")
 4:          return "☆☆\(text)☆☆"
 5:        }
 6:
 7:    text
 8:        .bind(to: label1.rx.text)
 9:        .disposed(by: disposeBag)
10:
11:    text
12:        .bind(to: label2.rx.text)
13:        .disposed(by: disposeBag)
14:
15:    text
16:        .bind(to: label3.rx.text)
17:        .disposed(by: disposeBag)
```

　このコードはUITextFieldであるtextFieldへのテキスト入力を監視し、ストリームの途中で値を加工して複数のLabelへbindしています。

　ここでtextFieldへ「123」と入力した場合、print("call") は何回呼ばれるか予想してみましょう。パッと見た感じだと、3回入力するので3回出力するのでは？と思いがちですが実際は違います。実行して試してみましょう！

```
call
call
call
call
call
call
call
call
call
```

callは9回呼ばれます。なるほど？値を入力するたびにmap関数が3回呼ばれてますね。これはいけない。

今回のように値を変換したりprint出力するだけならそれほどパフォーマンスに影響はありませんが、データベースアクセスするものや、通信処理が発生するものではこの動作は好ましくありません。

なぜこの現象が起こるのか？その前に、textField.rx.textが何なのかを紐解いて見ましょう。

textField.rx.textはRxCocoaでextension定義されているプロパティで、Observable<String?>ではなく、ControlProperty<String?>として定義されています。（Observableのように扱うことができますが。）ControlPropertyは主にUI要素のプロパティで使われていて、メインスレッドで値が購読されることが保証されています。

また、実はこれはColdなObservableです。ColdなObservableの仕様として、subscribeした時点で計算リソースが割当られ、複数回subscribeするとその都度ストリームが生成されるという仕組みがあると説明しました。

そのため、今回の場合3回subscribe(bind)したので、3個のストリームが生成されます。するとどうなるかというと、値が変更されたときにOperatorが3回実行されてしまうようになります。

このままではまずいので、どうにかして何回購読してもOperatorを1回実行で済むように実装したいですね。では、どうすればよいのかというと、HotなObservableに変換してあげるとよいです。

やりかたはいくつかあるのですが、今回はshare()というOperatorを使います。

リスト4.19: share()を使う

```
1: // これを
2: let text = textField.rx.text
3:     .map { text -> String in
4:         print("call")
5:         return "☆☆\(text)☆☆"
6:     }
7: // こうしましょう
8: let text = textField.rx.text
9:     .map { text -> String in
10:        print("call")
11:        return "☆☆\(text)☆☆"
12:    }
13:    .share() // ☆追加
```

Build & Runを実行してもう一度「１２３」とテキストに入力してみましょう。出力結果が次のようになっていたら成功です。

```
call
call
call
```

本題へ

　KVOで書いた処理をRxSwiftに置き換えてみた結果、かなり読みやすくなりました。特に、removeObserverを気にしなくてもよくなるので多少は安全です。

　removeObserverを気にしなくてもよくなったというよりは、RxSwiftの場合はremoveObserverの役割が.disposed(by:)に変わったイメージのほうがわかりやすいかもしれません。disposed(by:)を結局呼ばないといけないのなら、そんなに変わらなくない？と思うかもしれませんが、RxSwiftでは呼び忘れるとWarningが出るのでremoveObserverだったころより忘れる確率は低くなります。

　しかし、書きやすくなったといっても、まだこの書き方では次の問題が残っています。

・Key値がベタ書きになっている
・購読する値の型を指定してあげないといけない

　自分でextensionを定義するのも方法のひとつですが、もっと便利にWKWebViewを扱える「RxWebKit」というRxSwift拡張ライブラリーがあるので、これを使ってみましょう。

　まずPodfileを編集します。

リスト4.20: Podfileの編集

```
1: pod 'RxSwift',    '~> 4.3.1'
2: pod 'RxCocoa',    '~> 4.3.1'
3: pod 'RxOptional', '~> 3.5.0'
4: pod 'RxWebKit',   '~> 0.3.7'
```

次にライブラリーをインストールします。

```
pod install
```

さきほど書いたRxSwiftパターンのコードを、次のコードに書き換えてみましょう！

リスト4.21: RxWebKitを用いる

```
 1: import UIKit
 2: import WebKit
 3: import RxSwift
 4: import RxCocoa
 5: import RxOptional
 6: import RxWebKit
 7:
 8: class WKWebViewController: UIViewController {
 9:     @IBOutlet weak var webView: WKWebView!
10:     @IBOutlet weak var progressView: UIProgressView!
11:
12:     private let disposeBag = DisposeBag()
13:
```

```
14:     override func viewDidLoad() {
15:         super.viewDidLoad()
16:         setupWebView()
17:     }
18:
19:     private func setupWebView() {
20:
21:         // プログレスバーの表示制御、ゲージ制御、アクティビティーインジケーター表示制御で使うた
め、一旦オブザーバーを定義
22:         let loadingObservable = webView.rx.loading
23:             .share()
24:
25:         // プログレスバーの表示・非表示
26:         loadingObservable
27:             .map { return !$0 }
28:             .observeOn(MainScheduler.instance)
29:             .bind(to: progressView.rx.isHidden)
30:             .disposed(by: disposeBag)
31:
32:         // iPhoneの上部の時計のところのバーの（名称不明）アクティビティーインジケーター表示制御
33:         loadingObservable
34:             .bind(to: UIApplication.shared.rx.isNetworkActivityIndicatorVisible)
35:             .disposed(by: disposeBag)
36:
37:         // NavigationControllerのタイトル表示
38:         webView.rx.title
39:             .filterNil()
40:             .observeOn(MainScheduler.instance)
41:             .bind(to: navigationItem.rx.title)
42:             .disposed(by: disposeBag)
43:
44:         // プログレスバーのゲージ制御
45:         webView.rx.estimatedProgress
46:             .map { return Float($0) }
47:             .observeOn(MainScheduler.instance)
48:             .bind(to: progressView.rx.progress)
49:             .disposed(by: disposeBag)
50:
51:         let url = URL(string: "https://www.google.com/")
52:         let urlRequest = URLRequest(url: url!)
53:         webView.load(urlRequest)
```

```
54:     }
55: }
```

　Build & Runで実行してみましょう。まったく同じ動作であれば成功です。

　RxWebKitを使ったことでさらに可動性があがりました。RxWebKitは、WebKitをRxSwiftが使いやすくなるように拡張定義されたラッパーライブラリーです。これを使うことで、「Keyのべた書き」と「値の型指定」問題がなくなりました。感謝です。

　RxWebKitには他にもcanGoBack()、canGoForward()に対してsubscribeやbindすることもできるので、いろいろな用途に使えそうですね。

第5章　さまざまなRxSwift系ライブラリー

　この章ではRxSwiftの拡張ライブラリーを紹介します。拡張ライブラリーはかなりの種類があるので、その中から筆者がよく使うものをピックアップして紹介していきます。

5.1　RxDataSources

　RxDataSourcesはざっくり説明すると、UITableView、UICollectionViewをRxSwiftの仕組みを使ってイイ感じに差分更新をしてくれるライブラリーです。このライブラリーを使うと、UITableViewやUICollectionViewを使ったアプリを作る際に、delegateの実装の負担が少なく済むようになったり、セクションを楽に組み立てられるようになったりします。

5.1.1　作ってみよう！

　RxDataSourcesを使って、簡単なUITableViewアプリを作ってみましょう。

5.1.2 イメージ

図 5.1: RxDataSources+UITableView のサンプル

- 新規プロジェクトを SingleViewApp で作成
- ライブラリーの導入

```
pod init
```

```
vi Podfile
```

リスト 5.1: Podfile
```
1: platform :ios, '11.4'
2: use_frameworks!
3:
4: target 'RxDataSourceExample' do
5:     pod 'RxSwift',       '~> 4.3.1'
6:     pod 'RxCocoa',       '~> 4.3.1'
7:     pod 'RxDataSources', '~> 3.1.0'
```

```
8: end
```

```
pod install
```

5章の「開発を加速させる設定」を済ませた前提で進めます。

まずはSectionModelを作成しますSectionModelはSectionModelTypeプロトコルに準拠する構造体で定義されており、これをうまく使うことでセクションとその中のセルを表現できます。

リスト 5.2: SettingsSectionModel

```
 1: import UIKit
 2: import RxDataSources
 3:
 4: typealias SettingsSectionModel = SectionModel<SettingsSection, SettingsItem>
 5:
 6: enum SettingsSection {
 7:     case account
 8:     case common
 9:
10:     var headerHeight: CGFloat {
11:         return 40.0
12:     }
13:
14:     var footerHeight: CGFloat {
15:         return 1.0
16:     }
17: }
18:
19: enum SettingsItem {
20:     // account section
21:     case account
22:     case security
23:     case notification
24:     case contents
25:     // common section
26:     case sounds
27:     case dataUsing
28:     case accessibility
29:
30:     // other
31:     case description(text: String)
32:
```

```
33:     var title: String? {
34:         switch self {
35:         case .account:
36:             return "アカウント"
37:         case .security:
38:             return "セキュリティー"
39:         case .notification:
40:             return "通知"
41:         case .contents:
42:             return "コンテンツ設定"
43:         case .sounds:
44:             return "サウンド設定"
45:         case .dataUsing:
46:             return "データ利用時の設定"
47:         case .accessibility:
48:             return "アクセシビリティ"
49:         case .description:
50:             return nil
51:         }
52:     }
53:
54:     var rowHeight: CGFloat {
55:         switch self {
56:         case .description:
57:             return 72.0
58:         default:
59:             return 48.0
60:         }
61:     }
62:
63:     var accessoryType: UITableViewCell.AccessoryType {
64:         switch self {
65:         case .account, .security, .notification, .contents,
66:              .sounds, .dataUsing, .accessibility:
67:             return .disclosureIndicator
68:         case .description:
69:             return .none
70:         }
71:     }
72: }
```

enumで定義したSettingsSectionの各caseがひとつのセクションで、SettingsItemがセクション内のセルデータ群です。

次に、ViewModelを作っていきましょう。

リスト5.3: SettingsViewModel.swift

```swift
 1: import RxSwift
 2: import RxCocoa
 3: import RxDataSources
 4:
 5: class SettingsViewModel {
 6:
 7:     private let items = BehaviorRelay<[SettingsSectionModel]>(value: [])
 8:
 9:     var itemsObservable: Observable<[SettingsSectionModel]> {
10:         return items.asObservable()
11:     }
12:
13:     func setup() {
14:         updateItems()
15:     }
16:
17:     private func updateItems() {
18:         let sections: [SettingsSectionModel] = [
19:             accountSection(),
20:             commonSection()
21:         ]
22:         items.accept(sections)
23:     }
24:
25:     private func accountSection() -> SettingsSectionModel {
26:         let items: [SettingsItem] = [
27:             .account,
28:             .security,
29:             .notification,
30:             .contents
31:         ]
32:         return SettingsSectionModel(model: .account, items: items)
33:     }
34:
35:     private func commonSection() -> SettingsSectionModel {
36:         let items: [SettingsItem] = [
```

```
37:            .sounds,
38:            .dataUsing,
39:            .accessibility,
40:            .description(text: "基本設定はこの端末でログインしている全てのアカウントに適
用されます。")
41:        ]
42:        return SettingsSectionModel(model: .common, items: items)
43:    }
44: }
45:
```

最後にViewControllerを作ります。

リスト5.4: SettingsViewController.swift

```
1: import UIKit
2: import RxSwift
3: import RxDataSources
4:
5: class SettingsViewController: UIViewController {
6:
7:    @IBOutlet weak var tableView: UITableView!
8:
9:    private var disposeBag = DisposeBag()
10:
11:   private lazy var dataSource =
12:       RxTableViewSectionedReloadDataSource<SettingsSectionModel>(
13:           configureCell: configureCell)
14:
15:   private lazy var configureCell:
16:     RxTableViewSectionedReloadDataSource<SettingsSectionModel>.ConfigureCell =
17:       { [weak self] (dataSource, tableView, indexPath, _) in
18:         let item = dataSource[indexPath]
19:         switch item {
20:         case .account, .security, .notification, .contents,
21:              .sounds, .dataUsing, .accessibility:
22:           let cell = tableView
23:               .dequeueReusableCell(withIdentifier: "cell", for: indexPath)
24:           cell.textLabel?.text = item.title
25:           cell.accessoryType = item.accessoryType
26:           return cell
```

```
27:        case .description(let text):
28:            let cell = tableView
29:                .dequeueReusableCell(withIdentifier: "cell", for: indexPath)
30:            cell.textLabel?.text = text
31:            cell.isUserInteractionEnabled = false
32:            return cell
33:        }
34:    }
35:
36:    private var viewModel: SettingsViewModel!
37:
38:    override func viewDidLoad() {
39:        super.viewDidLoad()
40:        setupViewController()
41:        setupTableView()
42:        setupViewModel()
43:    }
44:
45:    private func setupViewController() {
46:        navigationItem.title = "設定"
47:    }
48:
49:    private func setupTableView() {
50:        tableView
51:            .register(UITableViewCell.self, forCellReuseIdentifier: "cell")
52:        tableView.contentInset.bottom = 12.0
53:        tableView.rx.setDelegate(self).disposed(by: disposeBag)
54:        tableView.rx.itemSelected
55:            .subscribe(onNext: { [weak self] indexPath in
56:                guard let item = self?.dataSource[indexPath] else { return }
57:                self?.tableView.deselectRow(at: indexPath, animated: true)
58:                switch item {
59:                case .account:
60:                    // 遷移させる処理
61:                    // コンパイルエラー回避のためにbreakをかいていますが処理を書いていればbreakは必要ありません。
62:                    break
63:                case .security:
64:                    // 遷移させる処理
65:                    break
66:                case .notification:
```

```
67:            // 遷移させる処理
68:            break
69:          case .contents:
70:            // 遷移させる処理
71:            break
72:          case .sounds:
73:            // 遷移させる処理
74:            break
75:          case .dataUsing:
76:            // 遷移させる処理
77:            break
78:          case .accessibility:
79:            // 遷移させる処理
80:            break
81:          case .description:
82:            break
83:          }
84:        })
85:        .disposed(by: disposeBag)
86:  }
87:
88:  private func setupViewModel() {
89:    viewModel = SettingsViewModel()
90:
91:    viewModel.items
92:      .bind(to: tableView.rx.items(dataSource: dataSource))
93:      .disposed(by: disposeBag)
94:
95:    viewModel.updateItem()
96:  }
97: }
98:
99: extension SettingsViewController: UITableViewDelegate {
100:    func tableView(_ tableView: UITableView,
101:                   heightForRowAt indexPath: IndexPath) -> CGFloat {
102:      let item = dataSource[indexPath]
103:      return item.rowHeight
104:    }
105:    func tableView(_ tableView: UITableView,
106:                   heightForHeaderInSection section: Int) -> CGFloat {
107:      let section = dataSource[section]
```

```
108:            return section.model.headerHeight
109:        }
110:
111:    func tableView(_ tableView: UITableView,
112:                   heightForFooterInSection section: Int) -> CGFloat {
113:        let section = dataSource[section]
114:        return section.model.footerHeight
115:    }
116:
117:    func tableView(_ tableView: UITableView,
118:                   viewForHeaderInSection section: Int) -> UIView? {
119:        let headerView = UIView()
120:        headerView.backgroundColor = .clear
121:        return headerView
122:    }
123:
124:    func tableView(_ tableView: UITableView,
125:                   viewForFooterInSection section: Int) -> UIView? {
126:        let footerView = UIView()
127:        footerView.backgroundColor = .clear
128:        return footerView
129:    }
130: }
```

　SettingsViewController.xibを作成し、画面幅いっぱいに広げたTableViewを設置、TableViewの色を変更後、SettingsViewController.swiftのIBOutletと接続しましょう。Build & Runで実行し、セクションの初めにあった画像のようになっていたら成功です。

5.1.3 その他セクションを追加してみよう！

図 5.2: その他セクション追加後の画面

さきほど作ったRxDataSources+UITableViewのサンプルアプリを題材に、新しくセクションとセクションアイテムを追加する方法について学びます。

まずはセクションを追加するために、`SettingsSection`に`case`を追加します。

```
enum SettingsSection {
  case account
  case common
  case other // 追加
  // ...
}
```

次に、セクションアイテムを追加するため、`SettingsItem`に`case`を追加します。

リスト 5.5: SettingsItem

```
1: enum SettingsItem {
2:   // ...
3:   // common section
4:   case sounds
```

```
 5:     case dataUsing
 6:     case accessibility
 7:     // other section
 8:     case credits // 追加
 9:     case version // 追加
10:     case privacyPolicy // 追加
11:     // ...
12:
13:     var title: String? {
14:         switch self {
15:         // ..
16:         // 追加
17:         case .credits:
18:             return "クレジット"
19:         case .version:
20:             return "バージョン情報"
21:         case .privacyPolicy:
22:             return "プライバシーポリシー"
23:         }
24:     }
25:
26:
27:     var accessoryType: UITableViewCell.AccessoryType {
28:         switch self {
29:         case .account, .security, .notification, .contents, .sounds,
30:              .dataUsing, .accessibility,
31:              .credits, .version, .privacyPolicy: // 追加
32:             return .disclosureIndicator
33:         case .description:
34:             return .none
35:         }
36:     }
37: }
```

セクションとそのアイテムの定義ができたら、実際に表示させるためにViewModelのitemsへデータを追加します。

リスト5.6: ViewModel を編集

```
1: private func updateItems() {
2:     let sections: [SettingsSectionModel] = [
3:         accountSection(),
```

```
 4:            commonSection(),
 5:            otherSection()
 6:        ]
 7:        items.accept(sections)
 8:    }
 9:
10:
11:    // ...
12:    // 追加
13:    private func otherSection() -> SettingsSectionModel {
14:        let items: [SettingsItem] = [
15:            .credits,
16:            .version,
17:            .privacyPolicy
18:        ]
19:        return SettingsSectionModel(model: .other, items: items)
20:    }
```

データの追加ができたので、今度はそのセクションセルのUIを定義します。今回は他のメニューと同じUIでよいので、switch文を対応させるだけです。

リスト5.7: ViewController を編集

```
 1: // ...
 2: private lazy var configureCell:
 3:    RxTableViewSectionedReloadDataSource<SettingsSectionModel>.ConfigureCell =
 4:        { [weak self] (dataSource, tableView, indexPath, _) in
 5:        let item = dataSource[indexPath]
 6:        switch item {
 7:        case .account, .security, .notification, .contents,
 8:             .sounds, .dataUsing, .accessibility,
 9:             .credits, .version, .privacyPolicy: // 追加
10:            let cell = tableView.dequeueReusableCell
11:                (withIdentifier: "cell", for: indexPath)
12:            cell.textLabel?.text = item.title
13:            cell.accessoryType = item.accessoryType
14:            return cell
15:        // ...
16: }
17:
18: // ...
19:
```

```
20: private func setupTableView() {
21:     // ...
22:     tableView.rx.itemSelected
23:         .subscribe(onNext: { [weak self] indexPath in
24:             guard let item = self?.dataSource[indexPath] else { return }
25:             self?.tableView.deselectRow(at: indexPath, animated: true)
26:             switch item {
27:             // ...
28:             // 追加
29:             case .credits:
30:                 // 遷移させる処理
31:                 break
32:             case .version:
33:                 // 遷移させる処理
34:                 break
35:             case .privacyPolicy:
36:                 // 遷移させる処理
37:                 break
38:             case .description:
39:                 break
40:             }
41:         })
42:         .disposed(by: disposeBag)
43:     // ...
```

Build & Runで図5.2の画面になっていたら成功です。

RxDatasourcesとUICollectionViewを組み合わせた書き方もほぼ同じ手順で実装できるので、参考にしてみてください。

5.2 RxKeyboard

RxKeyboardは、キーボードのframeの値の変化をRxSwiftで容易に購読できるようにする拡張ライブラリーです。キーボードの真上にViewを配置して、キーボードの高さに応じてUIViewを動かしたり、ScrollViewを動かしたりできるようになります。

Qiitaに「iMessageの入力UIのようなキーボードの表示と連動するUIを作る with RxSwift, RxKeyboard」というタイトルでRxKeyboardを使ったサンプルコードの記事を書いているので、興味のある方は参照してください。

・Qiita「iMessageの入力UIのようなキーボードの表示と連動するUIを作る with RxSwift, RxKeyboard」
　—https://qiita.com/k0uhashi/items/671ec40520967bc3949f

5.3 RxOptional

本書でもRxOptionalについて少し触れましたが、Optionalな値が流れるストリームに対していろいろなことをできるようにする拡張ライブラリーです。たとえば、次のように使うことができます。

リスト5.8: filterNil

```
1: Observable<String?>
2:     .of("One", nil, "Three")
3:     .filterNil()
4:     // Observable<String?> -> Observable<String>
5:     .subscribe { print($0) }
```

出力結果

```
One
Three
```

replaceNilWithオペレーターを使うことで、nil値の置き換え操作もできます。

リスト5.9: replaceNilWith

```
1: Observable<String?>
2:     .of("One", nil, "Three")
3:     .replaceNilWith("Two")
4:     // Observable<String?> -> Observable<String>
5:     .subscribe { print($0) }
```

出力結果

```
One
Two
Three
```

他にも、errorOnNilオペレーターを使うとnilが流れてきたときにerrorを流すことができます。

リスト5.10: errorOnNil

```
1: Observable<String?>
2:     .of("One", nil, "Three")
3:     .errorOnNil()
4:     // Observable<String?> -> Observable<String>
5:     .subscribe { print($0) }
```

出力結果

```
One
Found nil while trying to unwrap type <Optional<String>>
```

またArray、Dictionary、Setに対しても使うことができます。

リスト5.11: filterEmpty
```
1: Observable<[String]>
2:     .of(["Single Element"], [], ["Two", "Elements"])
3:     .filterEmpty()
4:     .subscribe { print($0) }
```

出力結果
```
["Single Element"]
["Two","Elements"]
```

第6章 次のステップへ

ここまでの章で、RxSwiftとその周辺についての解説は終わりです。お疲れ様でした。

本章では、次のステップについて紹介します。この本をだけを読んで、なるほど……で終わってはいけません！（自戒）

6.1 開発中のアプリに導入

次は、実際に動いているアプリで導入してみましょう！

読者の方々によって状況はさまざまかと思いますが、一番手っ取り早い方法は、個人で作っているアプリに導入してみることです。まだ作っているアプリがない場合は、好きなテーマを決めて、RxSwiftを使ったアプリを作り始めましょう！

仕事で作っているアプリに導入するのでももちろんよいのですが、必ずプロジェクトのメンバーと相談の上、導入しましょう。

また、気になったクラスやメソッドについて調べて、技術ブログやQiita等にアウトプットするのもよいですし、この書籍に続いてRxSwift本を書いてみるのもよいでしょう！むしろ筆者は読みたいので、ぜひ書いてほしいです！お願いします！

……まとめると、趣味や仕事のアプリで導入して実際に書いてインプット、わかってきたこと・気になることをアウトプットする、というサイクルを継続して回していくのが一番よい方法かと思います、早速やっていきましょう！

6.2 コミュニティへの参加

RxSwiftを今後学んでいく上で、開発者コミュニティは非常に重要な存在です。日本国内でのRxSwift専用のコミュニティは筆者の調べた範囲では見つけられませんでしたが、国内外を問わないのであればRxSwift Community（GitHub Project）という、RxSwiftの公式Slackワークスペースがあります。興味があるかたはRxSwiftのリポジトリのREADME.mdにURLが載っているので参照してみてください。

他にも、RxSwift専用ではありませんが、Swiftの国内コミュニティであればいくつか存在しています。オンラインであれば、Discord上で作られているswift-developers-japanというコミュニティや、オフラインであれば、年に1回行われる大規模カンファレンスの「iOSDC」や「try! Swift」などですね。

また、筆者もiOSアプリ開発に関係する勉強会を立ちあげていて（名称：iOSアプリ開発がんばるぞ！！）、主にリモートもくもく会という形でたまに開催しています。リモートもくもく会、（というかリモート勉強会）はよいソリューションだと思うのですが……。Discord上で開催されてい

る「インフラ勉強会」はとても活発なので、この動きが全体に広まって欲しいと思います。筆者の「iOSアプリ開発がんばるぞ！！」は定期的に開催しているので、見かけたら気軽に参加してください！iOSアプリ開発に関わるものだったらなにがテーマでもOKです！

- 参考URL一覧
- swift-developers-japan
    - https://medium.com/swift-column/discord-ios-20d586e373c0
- iOSDC
    - https://iosdc.jp/2018/
- try! Swift
    - https://www.tryswift.co/
- iOSアプリ開発がんばるぞ！！の会
    - https://ios-app-yaru.connpass.com/

6.3　その他の参考URL・ドキュメント・文献

- Apple Developer Documentation
    - https://developer.apple.com/documentation/
- Swift.org - Documentation
    - https://swift.org/documentation/
- ReactiveX
    - http://reactivex.io/
- RxSwift Repository
    - https://github.com/ReactiveX/RxSwift
- RxSwift Community
    - https://github.com/RxSwiftCommunity
- CocoaPods
    - https://cocoapods.org/
- Homebrew
    - https://brew.sh/index_ja
- Qiita
    - https://qiita.com/

著者紹介

髙橋 凌（たかはし りょう）

情報系専門学校を2017年に卒業、同年入社した受託開発会社を経て、2018年に株式会社トクバイに入社。以来、破壊的イノベーションで小売業界を変革するためiOSアプリエンジニアとして従事。とにかくアプリを作ることが好きで学生時代からWeb・モバイル問わず多種多様なアプリを作り、モバイルアプリでは複数のアプリをリリース。最近はサービス開発以外にも、技術同人誌の執筆や勉強会の主催を行うなど、これまでにやったことのなかった領域に手を伸ばし、視野を広げようと活動している。

◎本書スタッフ
アートディレクター/装丁：岡田章志＋GY
編集協力：飯嶋玲子
デジタル編集：栗原 翔

技術の泉シリーズ・刊行によせて

技術者の知見のアウトプットである技術同人誌は、急速に認知度を高めています。インプレスR&Dは国内最大級の即売会「技術書典」(https://techbookfest.org/)で頒布された技術同人誌を底本とした商業書籍を2016年より刊行し、これらを中心とした『技術書典シリーズ』を展開してきました。2019年4月、より幅広い技術同人誌を対象とし、最新の知見を発信するために『技術の泉シリーズ』へリニューアルしました。今後は「技術書典」をはじめとした各種即売会や、勉強会・LT会などで頒布された技術同人誌を底本とした商業書籍を刊行し、技術同人誌の普及と発展に貢献することを目指します。エンジニアの"知の結晶"である技術同人誌の世界に、より多くの方が触れていただくきっかけになれば幸いです。

株式会社インプレスR&D
技術の泉シリーズ　編集長 山城 敬

●お断り
掲載したURLは2018年12月1日現在のものです。サイトの都合で変更されることがあります。また、電子版ではURLにハイパーリンクを設定していますが、端末やビューアー、リンク先のファイルタイプによっては表示されないことがあります。あらかじめご了承ください。
●本書の内容についてのお問い合わせ先
株式会社インプレスR&D　メール窓口
np-info@impress.co.jp
件名に『本書名』問い合わせ係」と明記してお送りください。
電話やFAX、郵便でのご質問にはお答えできません。返信まではしばらくお時間をいただく場合があります。なお、本書の範囲を超えるご質問にはお答えしかねますので、あらかじめご了承ください。
また、本書の内容についてはNextPublishingオフィシャルWebサイトにて情報を公開しております。
https://nextpublishing.jp/

●落丁・乱丁本はお手数ですが、インプレスカスタマーセンターまでお送りください。送料弊社負担 でお取り替え
させていただきます。但し、古書店で購入されたものについてはお取り替えできません。
■読者の窓口
インプレスカスタマーセンター
〒101-0051
東京都千代田区神田神保町一丁目 105番地
TEL 03-6837-5016／FAX 03-6837-5023
info@impress.co.jp
■書店／販売店のご注文窓口
株式会社インプレス受注センター
TEL 048-449-8040／FAX 048-449-8041

技術の泉シリーズ
比較して学ぶRxSwift入門

2018年12月28日　初版発行Ver.1.0（PDF版）
2019年4月5日　　Ver.1.2

著　者　髙橋 凌
編集人　山城 敬
発行人　井芹 昌信
発　行　株式会社インプレスR&D
　　　　〒101-0051
　　　　東京都千代田区神田神保町一丁目105番地
　　　　https://nextpublishing.jp/
発　売　株式会社インプレス
　　　　〒101-0051　東京都千代田区神田神保町一丁目105番地

●本書は著作権法上の保護を受けています。本書の一部あるいは全部について株式会社インプレスR
＆Dから文書による許諾を得ずに、いかなる方法においても無断で複写、複製することは禁じられてい
ます。

©2018 Ryo Takahashi. All rights reserved.
印刷・製本　京葉流通倉庫株式会社
Printed in Japan

ISBN978-4-8443-9879-0

●本書はNextPublishingメソッドによって発行されています。
NextPublishingメソッドは株式会社インプレスR&Dが開発した、電子書籍と印刷書籍を同時発行できる
デジタルファースト型の新出版方式です。https://nextpublishing.jp/